AF546410

STARTUP

Das 1x1 zur Existenzgründung, Selbstständigkeit & Unternehmensführung. Wie Sie sich erfolgreich selbstständig machen, ein Unternehmen gründen und einen effektiven Businessplan erstellen

INHALT

Definition Startup 1

Ideen 2

Geschäftsideen aus verschiedenen Branchen 2

aus der IT 2

Dienstleistungsbranche 4

E-Commerce und Handwerk 5

Fitness & Gesundheit 7

Tourismus und Gastronomie 9

Kids und Familie 10

Handel 10

Mobilität 11

Aktuelle Trends 13

Künstliche Intelligenz (KI) 13

Internet der Dinge (IoT) 14

Gesundheitsbranche 15

Nachhaltigkeit 16

Wie entwickle ich eine Idee? 17

Traditionsunternehmen 19

Gründung 23

Wie mache ich mich selbstständig? 23

Businessplan 24

Rechtsformen 25

Wie nenne ich meine Firma? 27

Standort und Räume 29

Rechte 32

Produktrecht 32

Produkthaftung und -sicherheit 32

Haftung nach dem Produkthaftungsgesetz ... 33
Pflichten zur Vermeidung von Konstruktionsfehlern ... 33
Pflichten zur Vermeidung von Fabrikationsfehlern ... 33
Checkliste Produktsicherheit ... 34
Pflichten zur Vermeidung von Instruktionsfehlern ... 34
Haftende ... 35
Verpackungsrecht ... 35
AGB für Händler ... 36
Formulierung und Inhalt ... 36
Marken- und Patentschutz ... 38
Geistiges Eigentum ... 41
Gebrauchsmuster ... 41
Design ... 42
Marken ... 42
Geheimhaltungsvereinbarung ... 43
Arbeitsrecht ... 44
Arbeitszeiten ... 45
Leiharbeiter, Fremdpersonal und das AÜG ... 46
Arbeitsvertrag für angestellte Mitarbeiter ... 47
Alternative zur Festanstellung ... 49
Internetrecht ... 51
DSGVO / Datenschutzverordnung ... 51
Datenschutzbeauftragter ... 52
Newsletter ... 53
Verarbeitungsverzeichnis ... 53
Miezmaus ... 53
Social Media Recht ... 54
Impressum ... 55

Wer muss ein Impressum nachweisen? 55
Inhalt des Impressums 56
Konsequenzen bei Nichteinhaltung 57
Copyright im Impressum 59
Haftungsausschluss 59
Datenschutzhinweise 59
E-Commerce 60
Fördermittel und Investoren 62
Know-how der Förderung 63
Staatliche Mittel für Gründer 64
Arten der Fördermittel 64
Voraussetzung für die Beantragung 67
Fördermittel Datenbank 67
Möglichkeiten der Förderung in Deutschland 67
Möglichkeiten der Europäischen Förderung 69
Marketing 71
Marketingmix 71
Product 71
Price 72
Promotion 73
Place 75
CI - Corporate Identity 76
USP - Alleinstellungsmerkmal 77
Marketing online 79
Mobile Advertising 79
Werben auf Instagram 80
Conversion Optimierung 82
Kundenbindung 84

Referenzen (Testimonial)...87
SEO...91
Gründe des Scheiterns...93

Definition Startup

Zu Beginn die trockenen Fakten in Form einer Definition aus dem Wirtschaftslexikon von Gabler (Quelle: https://wirtschaftslexikon.gabler.de):

Definition Startup-Unternehmen

Junge, noch nicht etablierte Unternehmen, die zur Verwirklichung einer innovativen Geschäftsidee (häufig in den Bereichen Electronic Business, Kommunikationstechnologie oder Life Sciences) mit geringem Startkapital gegründet werden und i. d. R. sehr früh zur Ausweitung ihrer Geschäfte und Stärkung ihrer Kapitalbasis entweder auf den Erhalt von Venture-Capital bzw. Seed Capital (evtl. auch durch Business Angels) angewiesen sind. Aufgrund der Aufnahme externer Gelder wie Venture-Capital ist das Unternehmen auf einen Exit angewiesen, im Zuge dessen die Kapitalgeber ihre Investments realisieren.

Ideen

Startups gibt es nicht erst seit gestern, deshalb können wir einmal einen Blick auf die Gründungen der letzten Jahre werfen. Ich wähle hier bewusst einige Unternehmen aus den verschiedensten Branchen aus, damit du dir ein Bild davon machen kannst, was auf dem Markt so alles aktuell ist. Die Liste weist natürlich nur einen kleinen Teil auf und ist lange nicht vollständig.

GESCHÄFTSIDEEN AUS VERSCHIEDENEN BRANCHEN

AUS DER IT

SkipQ

Diese App wurde 2016 auf der Cebit vorgestellt. Das Startup-Unternehmen aus Hessen möchte dir den Einkauf erleichtern, indem es eine mobile Bestellplattform zum Vorbestellen bietet. Damit kannst du im Restaurant, bei Bäckereien oder im Einzelhandel im Voraus bestellen und bezahlen. So sparst du dir lange Wartezeiten und lästiges zeitaufwändiges Suchen im Laden. Mit einem QR-Code authentifizierst du dich dann vor Ort und holst die Ware einfach ab. Außerdem kannst du eigene Informationen speichern und die aktuellen Angebote sehen.

blink.it

Das ist eine E-Learning Plattform von einem Startup aus Darmstadt. Der Hintergrund ist, dass man als Coach oder Trainer immer nur einen Kunden nach dem anderen beraten oder trainieren kann. Mit der App soll sich das ändern, indem die Kunden regelmäßig weiter betreut werden. Die Lerninhalte werden hinterlegt, sodass die Kunden jederzeit darauf zugreifen können und das völlig unabhängig davon, ob der Coach / Trainer gerade Zeit hat. So sind besonders die Lerninhalte, die häufig wiederholt werden müssen, an die App abgegeben und beim nächsten persönlichen Treffen kann der

Kunde wieder ganz individuell betreut werden. Natürlich können auch Unternehmen die Weiterbildungsangebote buchen und ihre Mitarbeiter auf diese Weise schulen.

Mystery-Lunch

Das Startup TheInnerCrowd UG aus München bietet ein Online Tool an, mit dem Mitarbeiter verschiedener Abteilungen zum Mittagessen eingeladen werden. Der Hintergrund der Idee ist, dass zum einen die besten Ideen immer dann entstehen, wenn Menschen miteinander reden und zum anderen Mitarbeiter aus unterschiedlichen Abteilungen normalerweise selten miteinander in Kontakt kommen, wenn sie keine gemeinsamen Schnittstellen haben. Durch diesen Cloud-Service werden also Beschäftigte größerer Firmen beim Mittagessen miteinander vernetzt und können sich austauschen und ihr Wissen weitergeben. Ein Algorithmus lost regelmäßig Mitarbeiter unterschiedlicher Abteilungen aus, die dann eingeladen werden.

Airfy

Eine Idee aus Berlin ist es, öffentliches WLAN sicherer und weniger umständlich zu machen. Es kann wirklich nerven, wenn man sich ständig mit umständlichen Anwendungen ins öffentliche Netz einwählen muss. Oft möchte man nur schnell etwas nachschauen, ist aber erstmal mit der Anmeldung beschäftigt. Die Berliner haben dies gelöst und finanzieren es mit kurzen Werbeeinblendungen (10 Sekunden Werbung entsprechen einer Stunde kostenloses Surfen). Nach einer Stunde kommt der nächste kurze Spot. Verschlüsselt werden die Daten mit WPA2, sodass niemand mitlesen kann. Die Verantwortung für das Verhalten der Nutzer wird auch von Airfy übernommen, wodurch Betreiber von öffentlichen Räumen (zum Beispiel in der Hotellerie und Gastronomie) rechtlich entlastet werden. Das funktioniert, weil alle Gäste via VPN zum Server von Airfy geleitet werden.

Webwill

Auch in Schweden sind zwei Studentinnen aktiv geworden und haben im Rahmen einer Studienarbeit Webwill entwickelt. Hier geht es darum, was mit unseren Profilen auf Facebook & Co passiert, wenn wir sterben. Ziel ist es, Online Freunde zu informieren und eine Art Online Vermächtnis zu veröffentlichen. Auch der Zugriff von Hinterbliebenen auf die Profile soll ermöglicht werden, ebenso wie die Löschung.

DIENSTLEISTUNGSBRANCHE

recherchescout

Zwei Münchner haben eine Medienkontakt-Plattform entwickelt. Damit bieten sie Bloggern, Journalisten, Agenturen, Unternehmen und Verbänden die Möglichkeit, punktgenau recherchieren zu können und die besten Recherchequellen zu finden. Ob für Artikel, Backgroundinfos oder Meinungen von Experten, die Plattform bietet schnelle und unkomplizierte Hilfe.

Wie das Ganze funktioniert wird auf der Website super erläutert. Die Anfrage ist natürlich verschlüsselt, sodass niemand sehen kann, wonach recherchiert wird. Darüber hinaus können verschiedene Medieninhalte (Fotos, Videos, ...) zum Thema erfragt werden, sodass am Ende aus vielen Quellen und Experten das Passende ausgewählt werden kann.

selfstorage

Was vor 20 Jahren mit einer kleinen Idee von drei Männern aus Wien begann, ist heute eine riesige Erfolgsgeschichte. Damals suchten die drei einen Lagerraum und statt einen zu bekommen, landeten sie auf einer Warteliste. Zum einen waren sie von dieser Situation natürlich genervt, zum anderen brachte sie sie aber auf die Idee, den Markt zu analysieren. Und siehe da, die Analyse bestätigte, was die drei sich schon gedacht hatten: Sie waren nicht die Einzigen, die dringend einen Lagerraum suchten. So haben sie in Österreich begonnen, einen Markt für private Lagerräume aufzubauen. Heute, 20 Jahre später, sind sie zum Marktführer im deutschsprachigen Raum geworden. "MyPlace-SelfStorage" hat mittlerweile 47 Standorte in

Deutschland, der Schweiz und natürlich Österreich mit 39.000 Lagerabteilen. Mieten kann man alles von kleinen Abteilen (0,5 m^2) bis zu großen Räumen (80 m^2). Wer heute einen Raum mietet, kann auch von weiterem Service profitieren. So gibt es Transporthilfen von kooperierenden Transportunternehmen, Verpackungsmaterial und Regale, aber auch einen Versicherungsschutz.

Droneseed

Droneseed ist ein relativ junges US-Startup, das mit Hilfe von Drohnen Wälder wieder aufforsten möchte. Im Jahr 2018 gab es in Kalifornien große und schwere Waldbrände und auch hierzulande liest man immer wieder, dass es aufgrund heißer Sommer zu verheerenden Waldbränden kommt. Wir alle wissen, wie wichtig Bäume für unsere Luft sind. Weltweit werden Millionen Hektar Wälder abgeholzt, um die Industrialisierung vorantreiben zu können. Mittlerweile schätzen Experten, dass es ca. 90 Milliarden Euro kosten würde, dieses Defizit wieder auszugleichen.

Droneseed hat spezielle Drohnen entwickelt, die mit Baumsamen gefüllt werden. Mit Luftdruck werden die Samen in den Boden geschossen. Durch eine Software wird die Drohne über ein vorher ausgewähltes Gebiet gesteuert, so dass flächendeckend neue Samen verteilt werden können. Außerdem können die Drohnen auch mit Pflanzenschutzmitteln beladen werden, um die heranwachsenden neuen Bäume vor Schädlingen zu schützen. Das ist natürlich um einiges effizienter, als Waldarbeiter los zu schicken. Ein geübter Pilot könnte bis zu 15 Drohnen gleichzeitig steuern.

Aktuell befindet sich das Projekt noch in der Testphase in den USA, wird aber bereits von der amerikanischen Bundesluftfahrtbehörde unterstützt.

E-COMMERCE UND HANDWERK

Idbeer

Idbeer wurde schon 2009 gegründet und die drei Inhaber haben sich von Utopia in Australien inspirieren lassen. Bei verschiedenen Anbietern kann oder konnte man seinen eigenen Namen auf Etiketten von Bierflaschen drucken lassen. Das war dem Trio aber nicht genug. Sie haben einen Editor entwickelt, der es dem Kunden ermöglicht, sein Etikett völlig frei zu gestalten. Neben verschiedenen Elementen und Motiven kann er sogar eigene Bilder hochladen. Das Bier in der Flasche ist auch nicht irgendeins, sondern stammt von einer kleinen Familienbrauerei aus der Nähe von München. Zukünftig könnte die Idee auch auf andere Getränkeflaschen übertragen werden.

reragu

Klingt nach Rehragout, hat aber nichts mit Essen zu tun. Es ist die Abkürzung für Rennradgürtel. Die drei Gründer aus Passau ließen seit 2010 aus alten Rennradschläuchen Gürtel von bis zu 1,20 m Länge herstellen. Die Idee, Accessoires aus recycelten Dingen herzustellen, ist nicht neu. Ich bin mir nicht sicher, ob die Idee überlebt hat. Die Website scheint down zu sein und auf der Facebook-Seite sind keine aktuellen Einträge zu sehen.

CUCULA

Hier kommt eine Geschichte, die irgendwie ans Herz geht und viel Gutes tut. Am Anfang (2013) haben 5 westafrikanische Flüchtlinge im Internationalen Jugendkunst- und kulturhaus Obdach gewährt bekommen. Um sie aber nicht nur vorübergehend irgendwo zwischenzuparken, wurde ein Bauworkshop von Sebastian Däschle arrangiert. Die Flüchtlinge sollten aus der Passivität geholt werden und zudem noch etwas Sinnvolles erlernen. Der Bau von Holzmöbeln nach Entwürfen von Enzo Maris eignete sich perfekt. Nach einiger Zeit hatte man fertige Möbel und die nächste Frage war, was mit den Möbeln passieren soll. Verkaufen lag nahe, aber nicht um reich zu werden, sondern um den Lebensunterhalt und die Bildung der Möbelbauer zu finanzieren.

Und so wurde ein Unternehmen von und für Flüchtlinge gegründet. Die Möbel wurden sogar auf der Mailänder Möbelmesse vorgestellt und Mitte 2014 wurde als Dachverband für die Designmanufaktur und das

Bildungsprogramm der Verein CUCULA e.V. gegründet. Heute ist es ein Betrieb mit Lernwerkstatt, in dem Designobjekte produziert werden. Finanziert wurde alles mit einer Crowdfunding-Kampagne, unterstützt durch Promis und ehrenamtliche Mitarbeiter.

FITNESS & GESUNDHEIT

Truetape

Truetape ist eine Startup-Story aus Heidelberg, die aus der Not heraus geboren wurde. 2015 hat sich Fabian im Skiurlaub das Kreuzband im Knie gerissen. Während der Rehaphase wurde ihm klar, wie gut ihm Kinesiotapes tun. Problematisch war nur, dass die Tapes mit zunehmender Beweglichkeit nicht mehr komplett einsatzfähig waren und es für Laien daheim kaum Anleitungen gab, wie man die Tapes richtig verwendet. Deshalb haben es sich Fabian und sein älterer Bruder Dominik (selbst Arzt) zur Aufgabe gemacht, Tapes zu entwickeln, die auch im Spitzensport eingesetzt werden können. Außerdem gab es zu Beginn auch einige Tutorials, wie man die Tapes richtig anwendet.

Das ist mittlerweile ein paar Jahre her und heute gibt es über 40 Anleitungen (Step-by-Step) auf YouTube, die von über 1,5 Millionen Usern angesehen wurden. Profisportler und Sportvereine nutzen die Tapes und die Idee ist, die Tapes europaweit auch in Läden zu etablieren. Wichtig ist den Gründern aber, dass die Behandlung durch Ärzte oder Physiotherapeuten damit nicht angezweifelt wird. Es ist eine Methode, die ergänzend etabliert werden soll.

Apoly

Apoly ist ein recht junges Startup aus Leipzig und im Moment auch noch auf diese Stadt begrenzt. Es unterstützt angesiedelte Apotheken, die noch wenig online arbeiten mit einer Plattform, sodass die Apotheke die Ware ausliefern kann. Besonders stolz sind die Gründer auf ihren Pillen-Konfigurator. Er empfiehlt nach Krankheitssymptomen und Angabe, ob zum Beispiel homöopathische Mittel gewünscht sind oder nicht, das richtige Mittel. Der

Konfigurator funktioniert rein technisch und kann natürlich nicht beraten, dafür werden dem Kunden aber die Kontaktdaten der Apotheke mitgeteilt, damit er sich rückversichern kann. Zukünftig ist eine Beratung via Skype oder über ein Onlineformular angedacht. Die Plattform ist im Hintergrund mit den am System teilnehmenden Apotheken verbunden, so dass jederzeit der aktuelle Stand der verfügbaren Mittel abrufbar ist.

Außerdem plant Apoly eine Beratung im Online-Marketing für Apotheken, damit diese sich von den großen Online-Versandapotheken abgrenzen, bzw. diesen Markt überhaupt erstmal für sich entdecken können.

Finanziert wird das Ganze aktuell aus Fördergeldern (Technologie Gründerstipendium und Merck) und Eigenmitteln. In den nächsten zwei Jahren wollen die Gründer das System deutschlandweit ausrollen.

Happymed

Ein Startup aus Wien, dessen Geschichte 2013 mit einer Idee begann. Auch hier resultierte die Idee aus einer persönlichen Erfahrung, nämlich beim Zahnarzt. Philipp Albrecht, der Gründer, musste sich einer Wurzelbehandlung unterziehen und das war ihm so unangenehm, dass er nach einer Möglichkeit suchte, zukünftig besser damit umgehen zu können. Im Flugzeug kennen wir die Ablenkung durch Filme bereits. Jetzt soll dieses System auch im Gesundheitswesen etabliert werden. Und die Fakten sprechen durchaus dafür. Es gibt diverse Untersuchungen, die belegen, dass positive Ablenkung auch zur Entspannung beiträgt.

Genau dafür wurde ein System erarbeitet, das aus einer Videobrille, Kopfhörern, einem Media-Center und einer Fernbedienung besteht. Das komplette System kann autark eingesetzt werden, so dass keine Praxis oder Krankenhausabteilung etwas vorinstallieren muss. Eingesetzt werden kann es natürlich nicht nur bei schmerzhaften Behandlungen, sondern auch bei Chemotherapie-Sitzungen oder Dialysebehandlungen. So wird die Wartezeit angenehmer gestaltet und man kann den Krankenhausalltag ausblenden.

Aktuell wird das System in Österreich und Deutschland an verschiedenen Kliniken und Arztpraxen eingesetzt.

TOURISMUS UND GASTRONOMIE

Robin Hood

Eine wunderbare Idee aus Spanien, die erstmals Ende 2016 umgesetzt wurde. Robin-Hood-Restaurants haben tagsüber ein völlig normales Tagesgeschäft, am Abend allerdings werden Obdachlose und Hilfsbedürftige eingelassen. Die Idee dahinter ist, dass Touristen den ganzen Tag Geld in das Restaurant bringen, so dass man am Abend etwas zurückgeben kann. Betrieben wird dieser Dienst von der katholischen Hilfsorganisation Mensajeros de la Paz in Madrid.

Verkehrte Welt

Die Bauherren Sebastian Mikiciuk und Klaudiusz Golos lassen in Trassenheide die Welt Kopf stehen. Was tatsächlich als Schnapsidee am Stammtisch begann, wurde schlussendlich für 30.000 Euro erstellt. Ab 2006 wurde die Idee in die Tat umgesetzt. Auf der Insel Usedom steht also das erste Haus weltweit auf dem Kopf. Die Idee wurde danach auch von vielen anderen umgesetzt und zieht nach wie vor zig tausend Besucher jährlich an.

Wein selbst zapfen

Gründer und Gesellschafter dieser Restaurantgruppe sind Visionäre aus Deutschland und Italien. Der Ideengeber hat auch das Konzept für Vapiano entwickelt. Das erste LaBaracca wurde 2010 in München eröffnet. Die Idee ist, dass sich der Gast so wohl wie daheim fühlen soll. Die Restaurants sind gemütlich eingerichtet, die Zutaten sind hochwertig und die Menükarte ist elektronisch. Das Highlight ist die Weinbar, an der der Gast seinen Wein selbst zapfen kann. 80 Sorten gibt es zur Auswahl und der Probeschluck kostet nichts.

KIDS UND FAMILIE

Firma Ganz

Ein Startup aus Kanada hat die Idee des Tamagotchi wieder aufgegriffen und neu belebt. Jeder, der hier ein Plüschtier kauft, kann es im Internet anmelden und ihm damit auch ein virtuelles Leben ermöglichen. Man sollte immer mal nach dem kleinen Freund schauen, ob es ihm gut geht, ob er Hunger hat oder Hilfe braucht. Das Kuscheltier erhält sogar eine eigene Wohnung im Web, die mit eigenen Ideen ausgestattet werden kann. Die Kosten dafür zahlt man mit virtueller Werbung.

Zippidoo

Noch ein Startup aus Österreich, das von zwei Schwestern 2014 gegründet wurde. Die Öffentlichkeit hat noch immer ein Problem damit, wenn junge Mamas in der Öffentlichkeit stillen. Nun können die Mamas entweder daheim bleiben oder auf das WC gehen (was ich ehrlich gesagt nicht sehr appetitlich finde). Die Lösung bietet die Marke Zippidoo mit einem zweiseitigen Reißverschluss auf Brusthöhe. So kann die Mama dezent in der Öffentlichkeit stillen, ohne dass sich jemand daran stört. Die Kleidung gibt es in verschiedenen Größen und neben Kleidern auch als Stillshirts.

HANDEL

Flissade

Zwei Architekturstudenten von der TU München haben im Rahmen ihrer Seminararbeit eine geniale Idee gehabt. Sie gehen unsere Balkons an. Wenn die Sonne scheint, ist der Balkon ein wundervoller Platz, aber wehe es stürmt, regnet oder schneit. Dann wird dieser Platz im wahrsten Sinne außen vor gelassen. Genau diese Platzverschwendung wollen die beiden vermeiden, indem sie eine bewegliche Fassade entwickelt haben. Wird das Wetter schlecht, kann die Konstruktion die komplette Front verglasen und abdichten, so dass der Balkon auch weiter als zusätzlicher Wohnraum genutzt werden kann. Ist das Wetter wieder besser, verschiebt man die Front wieder in den Innenraum, sodass davon nichts mehr zu sehen ist.

bin-e

Ein grünes Startup aus Polen. In Deutschland funktioniert die Mülltrennung relativ gut, in anderen Ländern ist sie eine Katastrophe. Auch in Polen ist proaktive Mülltrennung noch nicht angekommen. Und so dachten sich die beiden Gründer einen Müllbehälter aus, der die Trennung übernimmt. Es gibt nur eine Öffnung, in die der Müll kommt. Egal, was eingeworfen wird, die Kamera erkennt mit Hilfe der Bilderkennung, um welchen Müll es sich handelt und sortiert ihn automatisch der richtigen Kammer zu.

MOBILITÄT

Pace

In Karlsruhe sitzt ein junges Startup, das einen kleinen Adapter und eine dazugehörige App entwickelt hat. In Deutschland fahren nicht nur Neuwagen, die schon mit dem Internet verknüpft sind, sondern auch noch viele ältere Modelle, die diesen Vorteil noch nicht an Board haben. Genau das möchte Pace ändern. Der Adapter wird ganz einfach mit der Diagnoseschnittstelle des Autos verbunden und via Bluetooth mit dem Handy verbunden. So können auch Fahrer der älteren Modelle beispielsweise ein automatisches Fahrtenbuch führen, die Benzinkosten aufzeichnen oder von der Tankstelle in der Nähe die Benzinpreise liefern. Natürlich ist dann auch der Fehlerspeicher auslesbar. Das Ganze dient also zur Vermeidung von zu hohem Benzinverbrauch und einem sichereren Umgang im Straßenverkehr.

flinc

Gleich zu Beginn: flinc gibt es so nicht mehr, der Betrieb wurde am 01.01.2019 eingestellt. Aber von vorn: Im Mai 2008 hatten einige Studenten die Idee, eine Mitfahrzentrale aufzubauen, die auf Vertrauen basiert. Eine Neuerung war die Kooperation mit Bosch und Navigon, um das System in der Navigationssoftware zu integrieren. Es gab eine App und eine Facebook-App, sodass auch hier die Fahrten angezeigt werden konnten. Der Focus lag hier auf regionalen Strecken und schneller Nutzungsmöglichkeit. Es waren keine Absprachen mehr erforderlich, wann man sich an welchem Treffpunkt findet, weil die Vermittlung adressgenau angegeben wurde. Das Unternehmen wurde dann 2010 als AG gegründet und nach einigen Tests im Juli 2011 bundesweit ausgerollt. Nach kurzer Zeit hatten sich schon 10.000 Nutzer registriert. Warum genau das Projekt aufgegeben wurde, konnte ich nicht herausfinden. Fakt ist, dass die Daimler AG flinc im September 2017 übernommen hat und jetzt quasi unter anderen Voraussetzungen wieder neu damit startet.

Aktuelle Trends

Es gibt aktuell einige interessante und auch nützliche Trends. Die Gesundheitsbranche braucht Hilfe, da die Wartezeiten bei Fachärzten immer länger werden und gerade in ländlicher Umgebung kaum noch Ärzte zu finden sind. Das bedeutet für die Patienten, selbst bei kleinen Problemen kilometerweit fahren zu müssen, um eine fachliche Meinung einholen zu können. Hier gibt es die ersten Ideen mit virtuellen Sprechstunden oder Patientenakten bzw. Rezepte elektronisch vorzuhalten.

Unsere Freizeit spielt mittlerweile wieder eine größere Rolle. Hier setzen einige Startups auch heute schon an, um unseren Zeitplan so effizient gestalten zu können, dass uns Zeit zum Entspannen bleibt.

Künstliche Intelligenz (KI) ist auf dem Vormarsch. In der Versicherungsbranche kann man zum Beispiel eine künstliche Person mit Algorithmen so programmieren, dass sie die meisten Standardfragen rund um die Uhr beantworten kann. So muss der Versicherungsnehmer nicht immer auf die Öffnung des Büros warten. KI wird uns zukünftig in vielen Bereichen begleiten.

Auch bei Finanzdienstleistungen werden wir zukünftig digitaler werden. Ich könnte mir vorstellen, dass es hier Plattformen geben wird und sich im Hintergrund einige Unternehmen zusammenschließen werden. Daraus ergeben sich viele Möglichkeiten für Startups, einzugreifen und ihre Produkte anzubieten.

KÜNSTLICHE INTELLIGENZ (KI)

Wollen wir in Deutschland wieder vorn dabei sein, müssen wir uns langsam ein wenig ranhalten. Die Künstliche Intelligenz ist in anderen Ländern schon viel weiter entwickelt als bei uns. Hierzulande ist es tatsächlich noch ein Problem, sich zu entwickeln, weil viel zu viel reguliert wird. Zumindest wird innerhalb der EU mittlerweile über Leitfäden für FinTech-Kreditinstitute, einheitliche Regeln für Crowdfunding und andere Dinge gesprochen. Auch eine Strategie für die Künstliche Intelligenz wurde von der

Bundesregierung beschlossen. Noch gibt es einige Hürden im Arbeitsrecht oder bei Neugründungen von Unternehmen. Auch steuerlich könnte man sicher noch einige Anreize schaffen. Die Finanzaufsicht BaFin hat einen Bericht zum Thema "Big Data trifft auf künstliche Intelligenz" veröffentlicht, in dem es um Datenverarbeitung, Verbraucherschutz und Finanzstabilität geht.

Trotz all der aktuellen Stolpersteine wird die Künstliche Intelligenz für Startups unheimlich interessant sein. Intelligente Implementierungen werden im autonomen Fahren, bei Chatrobotern, sprachgesteuerten Systemen oder in der Unterhaltungselektronik eine große Rolle übernehmen. Damit hat KI ein Potenzial für Startups, die innovatives Denken zur Normalität erklären.

INTERNET DER DINGE (IOT)

Ich habe nach einer Definition für IoT gesucht, aber keine Chance. Jeder, der IoT anwendet, definiert es für sich anders. Es geht darum, dass alles in unserer physischen Welt auch Teil des Internets werden kann. Alles wird smart bzw. digital. Für uns Kunden ist das natürlich super, denn uns stehen im Internet viel mehr Dinge zur Verfügung, die wir zu Fuß nicht erreichen könnten. Außerdem können verschiedene Dinge mit einem Gerät erledigt werden. Ich denke da an unser heutiges Smartphone, mit dem wir nur noch sehr wenig telefonieren, dafür aber im Internet surfen, den Kontostand abrufen, die Route zum nächsten Hotel finden oder fotografieren. Kennst du die Uhr von Limmex? Sie verfügt mittlerweile über eine eigene Website, Mikrofon und Lautsprecher und ein GSM Modul. Ja, die Uhrzeit zeigt sie auch noch an, sie kann aber auch einen Notruf an die Familie schicken. Noch ein Beispiel ist Canary aus New York mit einer Alarmanlage, die Bewegungs- und Temperatursensoren plus einer Kamera enthält. Die Grundfunktion ist die Überwachung, wenn die Hausbesitzer nicht da sind. Wenn etwas von der Norm abweicht, wird eine Nachricht an eine App auf dem Handy geschickt. Es sind aber noch weitere Gimmicks möglich, wie die Überwachung durch ein Call-Center.

STARTUP

Startups können Firmen dabei helfen, den Zugang zu neuen Technologien zu finden und für mehr Digitalisierung und Innovation zu sorgen.

GESUNDHEITSBRANCHE

Hattest du schon mal einen medizinischen Notfall und die Arztpraxis hatte schon geschlossen oder du wartest trotz Termin ewig im Wartezimmer, oder bekommst erst in einem halben Jahr einen Termin? Aktuell ist das ja schon fast die Norm. Ich denke, hier ergibt sich für Startups die Chance, einiges zum Besseren zu ändern.

Wie wäre es mit einer digitalen Sprechstunde? Fachärzte stehen via Telefon, Videokonferenz oder Chat zur Verfügung. Gut organisiert spart man sich so ewige Wartezeiten und bekommt dennoch die fachliche Auskunft.

Elektronische Akten sind effizienter und produktiver als die bisherige Papierakte. Sie können viel schneller von einem Arzt in eine Klinik oder Ambulanzen geschickt werden. Wenn die E-Akte vom Hausarzt an jeden weitergeleitet werden kann, können andere Ärzte auf Ergebnisse bereits durchgeführter Untersuchungen zugreifen und ersparen sich weitere Tests. Es versteht sich von selbst, dass hier der Datenschutz im Auge behalten werden muss.

Eine weitere Idee ist auch, Rezepte elektronisch vorzuhalten. So können sie direkt aus der Praxis an die Apotheke geschickt werden und der Apotheker kann schon im Vorfeld schauen, ob es Wechselwirkungen mit anderen Mitteln gibt und ob das Medikament derzeit verfügbar ist oder erst bestellt werden muss.

Schon diese gerade genannten Beispiele können helfen, Milliarden Euro im Jahr einzusparen.

Aktuell gibt es Untersuchungen, wie der Körper auf Medikamente reagiert. Das könnte mit Genanalysen aus der Cloud weiter analysiert und ausgebaut werden. Je mehr Patientendaten in digitaler Form vorliegen, desto mehr können zukünftig auch in Echtzeit analysiert werden (die Zustimmung der Patienten vorausgesetzt). Daraus können dann Prognosen entwickelt werden, wer welches Medikament in welcher Dosis am besten verträgt.

Natürlich können automatisierte Arbeitsschritte während Operationen auch von Maschinen übernommen werden und damit das OP-Team entlasten. Man kann spezielle Kameras einsetzen oder spezielle Software entwickeln, die dem Chirurg anzeigt, was gerade gemacht wird und wie der nächste Schritt aussieht.

Was mir noch einfällt, sind unsere Senioren. Hier gibt es sicher auch einige Möglichkeiten, den Alltag zu erleichtern. Ich denke da an Bewegungsmelder, die einen Sturz in der Wohnung an eine Hilfsperson melden oder die Überwachung von Menschen, die an Demenz erkrankt sind. Wohnen die Personen allein, ist eine Info hilfreich, wenn zum Beispiel der Herd noch eingeschaltet ist.

NACHHALTIGKEIT

Früher hat man Menschen belächelt, die in ihrem Leben darauf geachtet haben, die Umwelt zu schonen und wieder von der Natur zu lernen und zu leben. Heute ist Nachhaltigkeit ein Trend, der aus unserem Leben nicht mehr wegzudenken ist. Man kann mit seinem Unternehmen selbst nachhaltig agieren, indem man umweltbewusst arbeitet, die Ressourcen schont und sich um fairen Handel bemüht. Im Moment gibt es noch nicht so viele "grüne" Startups. Hier kann man sich noch relativ schnell einen Namen auf dem Markt machen. Kunden suchen im Moment sehr viel nach ökologischen und nachhaltigen Produkten. Hast du schonmal die "Höhle der Löwen" gesehen? Sowohl in Deutschland, als auch beim amerikanischen Pendant erhalten Startups mit nachhaltigen Ideen recht oft einen Deal. SirPlus rettet Lebensmittel aus Geschäften, Restaurants und privaten Haushalten. Sie arbeiten mit Produzenten und Großhändlern zusammen und erstellen Lebensmittelboxen für die eigenen Läden. Natürlich können die Waren auch einzeln gekauft werden. ReCup bietet die Alternative zu Coffee-to-go-Bechern mit einem Pfandsystem. Und die LandPack GmbH bietet für das Versenden von Lebensmitteln Verpackungen aus Stroh an. Ich denke, auch in nächster Zeit werden Recycling, Bio und Öko eine Möglichkeit für neue Ideen liefern.

WIE ENTWICKLE ICH EINE IDEE?

Ich habe eine Weile darüber nachgedacht, ob ich diesen Punkt überhaupt anspreche. Die meisten Startups, die ich kenne, werden gegründet, weil sie eine Idee haben. Braucht es also hier Tipps, um Ideen zu finden? Ich denke ja, denn von einer Idee kann man nicht immer allein leben oder sie etabliert sich nicht immer so, dass noch Ressourcen für weitere Umsetzungen zur Verfügung stehen. Und es ist nicht immer klug, nur auf ein Produkt zu bauen. Es schadet also nicht, ein paar kleine Einblicke in die Ideenfindung zu geben.

Grundsätzlich gibt es die klassischen Kreativitätstechniken, die in großen Unternehmen gern genutzt werden, um ein Produkt weiter zu entwickeln oder ein neues zu etablieren. Darunter sind Begriffe wie Brainstorming oder Ableitungen davon (Brainwriting und Brainworking), die Relevanzbaumanalyse, die Walt-Disney-Methode oder die 6-3-5 Methode. Auf diese klassischen Techniken möchte ich gar nicht weiter eingehen. Ihr habt die Keywords und könnt, wenn es euch interessiert, selbst schauen, ob euch diese Techniken liegen.

Die meisten Startups gehen oft andere Wege. Hier stelle ich euch 7 Techniken vor, die häufig von jungen Unternehmern genannt werden.

Problembeseitigung

Jeder von uns hat im Alltag hier und da mal Probleme, wenn etwas nicht machbar ist oder man Hilfe bräuchte. Aus genau dieser Situation haben sich einige Startups gegründet. Die Tüftler wollten sich nicht damit zufrieden geben, dass etwas nicht funktionierte, sondern eine Lösung schaffen. Dann wurde gebaut und versucht, verworfen und nochmal neu begonnen und irgendwann war die Lösung da und konnte verkauft werden.

Bedürfnisorientierung

Hier geht es fast ausschließlich um die Bedürfnisse der Kunden. Worauf liegt der Fokus? Was wird gerade auf dem Markt verlangt? Im Vorfeld musst du dich natürlich auf eine bestimmte Zielgruppe festlegen und auch auf eine

Richtung. Dann erfolgt eine Marktanalyse und danach die Überlegung, wie du dein Produkt von den anderen abgrenzen kannst, damit du zum "must have" wirst.

Business Model Generator

Der Generator wird schon weltweit genutzt, auch von großen Unternehmen. Im Kern beinhaltet er 55 Typen von erprobten Geschäftsmodellen wie Add-on oder Mass Customization. Du kannst also nicht nur die Idee finden, sondern den Rahmen direkt dazu. In 4 Phasen wird dir erklärt, wie du Ideen findest und diese implementieren kannst.

Startup-Idea-Matrix

In dieser Matrix geht es darum, Lücken zu erkennen. Wo ist noch Platz für innovative Ideen? Für welches Produkt braucht es eine App oder wo ist noch Potenzial, Kunden zu erreichen? Mittlerweile gibt es sogar die Unterscheidung zwischen B2C und B2B.

Inkubatoren

Im medizinischen Bereich ist der Inkubator ein Brutkasten. So ähnlich ist es auch hier. Du hast eine Idee, die aber noch nicht marktreif ist. Um dich in einen Inkubator begeben zu können, musst du dich oft für einen "Startup-Batch" bewerben. Wirst du ausgewählt, durchläufst du in mehreren Monaten ein Programm, um dein Produkt nach vorn zu bringen. Hast du noch keine Idee, kannst du dich mit einem Blick auf die Batches inspirieren lassen.

eingestaubte Branchen

Viele Unternehmen hängen in Sachen Digitalisierung noch weit hinterher. Sei es aufgrund von fehlendem Wissen oder der Angst vor der Umsetzung. Viele Geschäftsführer kleiner Unternehmen denken noch immer analog. Damit geht viel Potenzial verloren. Wenn du also Ausschau nach Branchen hältst, die mit geringem Digitalisierungsaufwand zu modernisieren sind, hast du eine Marktlücke gefunden. Das ist vor allem für IT-begeisterte

Gründer interessant. Viele Prozesse in solchen Unternehmen können mit der richtigen Software vereinfacht und weniger zeitintensiv gestaltet werden.

Digitalisieren und Automatisieren

Wie die gerade vorgestellte Variante handelt es sich auch hier in erster Linie um SaaS, also Software as a Service. Hier werden manuell durchgeführte Arbeiten durchleuchtet, um Ideen für eine automatisierte SaaS Lösung zu bekommen. Ein Beispiel dafür ist die automatisierte Erstellung von Quoten im Social Media Bereich. Hier wird also mit einem bereits bestehenden erfolgreichen Produkt weiter gearbeitet. Vermittlungsplattformen werden aus Kundensicht analysiert und aus den Schwachstellen entstehen SaaS-Lösungen.

TRADITIONSUNTERNEHMEN

Viele Unternehmen, die heute vollkommen normal in unserem Alltag sind, haben mit einer Idee begonnen. Ich stelle euch mal einige Erfolgsgeschichten vor.

Tchibo

Carl Tchilling und der Kaufmann Max Herz gründeten 1949 einen Versandhandel für Röstkaffee in Hamburg. Damals kamen die Bohnen mit der Post zu den Kunden. Wisst ihr, wie der Firmenname entstanden ist? Es ist eine Zusammensetzung aus dem Namen des Gründers Tchilling und dem Wort Bohne (Tchi -Bo). Bis 1962 gab es noch einen kleinen Kobold als Maskottchen, der ebenfalls Tchibo hieß. 1952 erschien dann erstmals das Tchibo-Magazin, das sich mit Rezepten, Mode und Unterhaltung eher an die weiblichen Leser wandte. Auch dadurch wurde das Unternehmen immer bekannter. Ein Jahr später eröffnete die erste Verkaufsstelle direkt neben einer Rösterei. Ein weiteres Jahr später gab es die erste richtige Tchibo-Filiale. Im Jahr 1965 gab es bereits 400 Filialen. Seit 1973 gibt es neben Kaffee auch andere Produkte zu kaufen. Bei all dem Erfolg gab es aber auch Rückschritte. Die

Eigenmarke TCM wurde ab 2007 nicht mehr fortgeführt. Sie dient nur noch als Gütesiegel für geprüfte Qualität. Heute arbeiten etwa 12.450 Mitarbeiter weltweit bei Tchibo.

Vaillant

Eine kaputte Bierleitung brachte diese Erfolgsgeschichte ins Rollen. Johann Vaillant hatte eine Ausbildung als Kupferschläger und Pumpenmacher abgeschlossen und kam 1874 nach Remscheid, wo er in einer Gaststätte eine Bierleitung reparierte. Der Wirt war so begeistert von seiner Arbeit, dass er ihm vorschlug, sich selbstständig zu machen. Und genau das tat er am 01.08.1974. Neben Instandhaltungsarbeiten tüftelte er an einem Gasbadeofen. 20 Jahre nach seinem Start brachte er seine Erfindung zum Patentamt und sorgte damit für die Revolution in deutschen Badezimmern. Auf einmal konnte man Wasser erhitzen, ohne dass es mit Heizgas in Berührung kam. Das war deutlich hygienischer und endlich konnte man auch die Wassertemperatur regeln. Der erste Boiler war erfunden. Schon drei Jahre nach dieser bahnbrechenden Erfindung musste die Firma Vailland in größere Räume umziehen und 1905 entwickelte Johann die Möglichkeit, den Badeofen an der Wand anzubringen. Dieser Badeofen mit dem Namen "Geyser" wurde in die ganze Welt exportiert. 1920 starb der Firmengründer, aber damit hörten die Innovationen nicht auf. Vier Jahre später erfand Vaillant den ersten Zentralheizungskessel der Welt. 1961 kam mit dem "Circo-Geyer MAG-C20" die erste Gas-Zentralheizung zum Aufhängen an der Wand heraus. Im gleichen Jahr wurde auch die Tochterfirma in Dänemark gegründet. 1967 kam die erste Heizung mit Warmwasserversorgung auf den Markt. Heute hat die Vaillant Group Niederlassungen in Frankreich, Belgien, den Niederlanden und anderen Ländern.

In den letzten Jahren wird konsequent auf Nachhaltigkeit gesetzt. Es gibt einen schadstoffarmen Thermoblock, Solartechnik und das erste Kraft-Wärme-Kopplungssystem, das für Ein- und Zweifamilienhäuser gleichzeitig Wärme und Strom erzeugt.

Der Standort in Remscheid ist heute noch aktiv und das Unternehmen ist im Familienbesitz geblieben. Weltweit arbeiten über 12.000 Angestellte bei Vailland.

Deichmann

Den ersten Schritt machte Deichmann vor dem 1. Weltkrieg mit einer Schusterei in Essen. 1913 eröffnete Heinrich Deichmann gemeinsam mit seiner Frau Julie sein Geschäft. Vor allem Bergleute zählten damals zu seinen Kunden, weil sie robuste, aber auch günstige Schuhe brauchten. 1936 eröffneten die beiden den ersten reinen Verkaufsladen. Vier Jahre später starb Herr Deichmann und seine Frau übernahm die alleinige Leitung. Nach dem 2. Weltkrieg hielt Deichmann das Geschäft mit Restbeständen und guten Ideen am Laufen. Es wurden zum Beispiel Schuhe aus Fallschirmgurten und Pappelholz gefertigt und es gab eine Tauschbörse für gebrauchte Schuhe. 1949 entstand die erste Filiale außerhalb von Essen. Fünfzig Jahre nach Firmengründung gab es 16 Filialen im Ruhrgebiet und 1975 waren es schon 100 Läden. Mitte der 50er Jahre hat Dr. Heinz-Horst Deichmann (der Sohn) das Unternehmen übernommen. In den nächsten Jahren übernahm Deichmann einige Schuhketten und expandierte nach Österreich, Tschechien, in die Türkei und viele andere Länder. Zum 100-jährigen Firmenjubiläum arbeiteten rund 35.000 Mitarbeiter in 3500 Läden weltweit.

Heinrich Deichmann hat 1999 das Unternehmen von seinem Vater übernommen und setzt auf neue Technologien. Schon im nächsten Jahr startete er den Onlineshop von Deichmann. Außerdem ziehen auch die Namen von Traditionsfirmen wie Gallus, Medicus und Elefanten, die übernommen und somit zur Eigenmarke wurden.

Otto

Otto ist Teil des Wirtschaftswunders. 1949 gründete Werner Otto den Versandhandel in Hamburg und stellte relativ schnell über 800 Mitarbeiter ein. Berühmt wurde Otto mit seinem Katalog, der zu Beginn nur 14 Seiten hatte und auf 300 Exemplare beschränkt war. Darin fand man 28 Paar

Schuhe. Mit den Jahren erweiterte sich das Sortiment und der Katalog wurde größer. Das Markenzeichen – der Otto Katalog – erscheint auch heute noch drei Mal im Jahr neben einigen weiteren Kataloge mit speziellen Angeboten. Von 28 Paar Schuhen in 300 Katalogen kommen wir heute auf über 2 Millionen Artikel, die in 4 Millionen Exemplaren präsentiert werden. Ganz nebenbei hat sich Otto die Markenrechte von Versandhändlern wie Quelle und Neckermann gesichert.

Neben der Printausgabe ist Otto auch ins Onlinegeschäft eingestiegen und war 2013 sogar Digital Brand Champion. Das heißt, auch im Internet ist Otto zu einem der Großen geworden. Die Website des Shops ist mehrfach zur besten eines Jahres gewählt worden.

Auch Otto ist noch ein Familienunternehmen, das neben anderen Firmen in der Otto Group untergebracht ist.

Gründung

Wie du die richtige Idee für dein Business finden kannst, habe ich ja weiter oben schon erklärt. Wichtig ist aber auch, welche Voraussetzungen und persönlichen Eigenschaften du selbst mitbringst. Ein schnell wachsendes Startup ist nicht für jeden etwas. Manch einer kann vielleicht besser mit Menschen umgehen, ein anderer ist eher technisch versiert. Hier musst du wirklich schauen, was neben einer innovativen Idee noch dazu gehört, um dein Unternehmen aufzubauen und voranzubringen und wo du ggf. noch andere Experten an deiner Seite brauchst.

WIE MACHE ICH MICH SELBSTSTÄNDIG?

- eine Geschäftsidee finden

Wie du eine Idee findest, habe ich weiter oben schon erklärt. Hier kommt es auf deine eigenen Erfahrungen an und welche Eigenschaften du mitbringst. Nicht jeder kommt mit einem schnell wachsenden Startup klar. Andererseits kann auch nicht jeder Mensch mit innovativen Ideen einem Handwerksbetrieb auf die Sprünge helfen.

- den Businessplan schreiben

Dein Businessplan gibt dir selbst die Möglichkeit, einen Überblick über die kommenden Aufgaben zu erhalten und vor allem zeigt er dir, wie dein Unternehmen finanziell gestellt sein wird.

- eine Rechtsform wählen

Die Rechtsform ist zukünftig wichtig für die Haftung, die Pflichten in der Buchhaltung und die Steuern. Sie stellt allerdings auch ein Bild nach außen dar. Insofern solltest du hier schon ein wenig Zeit investieren, um eine Entscheidung zu treffen.

- ein Gewerbe anmelden

Ob du ein Gewerbe anmelden musst, regelt die Gewerbeordnung.

- Finanzierung

Dieses Thema sollte dir schon mit dem Schreiben des Businessplans präsent sein. Denn hier setzt du dich ja schon mit der Umsatzplanung und den gewünschten Gewinnen auseinander. Wenn du den Start nicht aus eigener Tasche zahlen kannst, brauchst du Unterstützer.
Auf dieses Thema gehe ich später noch gesondert ein.

- Marketing

Beim Thema Marketing kommen wir von Begriffen wie Corporate Identity, Brand oder Marke zu der Frage welcher Mix der richtige wäre.
Auch das Thema Marketing bekommt noch gesonderten Raum mit ausführlichen Beschreibungen.

BUSINESSPLAN

Ein Businessplan zeigt präzise dein Geschäftsmodell, er enthält die strategische und betriebswirtschaftliche Planung und die Finanzplanung. Er ist nicht nur für dich selbst, sondern auch für das Beantragen von Fördermitteln und anderen Hilfen nötig.

So ein Plan umfasst neben detaillierten Angaben zu den Finanzen im Allgemeinen 20 - 25 Seiten. Geldgebern zeigt dein Plan, wie das wirtschaftliche Potenzial deiner Idee aussieht und ob das Business grundsätzlich durchführbar ist.

Das zentrale Element ist die Planung aller strategisch wichtigen Unternehmensziele und Geschäftszahlen, aber auch eine klare Zielgruppen- und Markt-Analyse. Brauchst du Hilfe bei der Erstellung, gibt es im Internet Hilfestellungen oder du wendest dich an die IHK oder Handwerkskammer.

RECHTSFORMEN

Die Rechtsform ist nicht nur ein Bild nach außen. Sie besagt, welche Pflichten in der Buchhaltung auf dich zukommen, welche Steuern du zukünftig zahlen musst und wer wofür zu welchen Teilen haftet. Es ist also wirklich wichtig, hier genau zu recherchieren, bevor du entscheidest.

Hier die aktuell gängigen Rechtsformen für junge Unternehmer im Überblick:

GbR (Gesellschaft bürgerlichen Rechts) → § 705 BGB

Die GbR ist eine der beliebtesten Gründungsformen für Startups. Die Gründung ist formlos und mit wenig Aufwand verbunden. Sinnvoll ist es aber, einen Gesellschaftervertrag mit einem Notar aufzusetzen. Wichtig zu wissen: Investoren schrecken oft davor zurück, weil sie selbst genauso haftbar gemacht werden können.

Eigentümer	Gesellschafter
Personen für die Gründung	2
Stammkapital	-
Haftung	Beide Gesellschafter mit Privatvermögen
Leitung	Alle Gesellschafter nach § 709 BGB

GmbH - Gesellschaft mit beschränkter Haftung

Die GmbH ist eine Kapitalgesellschaft mit relativ geringem Aufwand bei der Gründung. Gegründet werden kann sowohl von natürlichen als auch juristischen Personen. Investoren investieren lieber in eine Kapitalgesellschaft, weil die Haftung klar geregelt ist.

Eigentümer	Gesellschafter
Personen für die Gründung	1
Stammkapital	25.000 € (ggf. 12.500 € zur Gründung, Rest muss zeitnah nachgereicht werden)
Haftung	beschränkt auf Stammkapital
Leitung	Geschäftsführung, Gesellschafterversammlung

UG - Unternehmergesellschaft (Mini GmbH) haftungsbeschränkt

Die UG ist die Sonderform der GmbH mit beschränkter Haftung und wenig Startkapital. Oft wird diese Form für den Start genutzt und später, wenn die ersten Einnahmen zu verzeichnen sind, in eine GmbH umgewandelt.

Eigentümer	Gesellschafter
Personen für die Gründung	Bis zu 3
Stammkapital	1 € (25 % der Gewinne bis 25.000 € erreicht sind)
Haftung	beschränkt auf Gesellschaftervermögen
Leitung	Geschäftsführung, Gesellschafterversammlung

GmbH & Co KG - Kapital- und Kommanditgesellschaft

Hier kannst du die Vorteile einer Kapitalgesellschaft mit denen einer Personengesellschaft vereinen. Es gibt mindestens 2 Gründer: Den Kommanditist und den Komplementär. Diese Gesellschaftsform ist allerdings nichts für Gründer, die noch nie ein Unternehmen gegründet haben.

Eigentümer	Komplementär (GmbH) und Kommanditist
Personen für die Gründung	2
Stammkapital	25.000 € / 12.500 € (§§ 5 Abs. 1, 7 Abs. 2 GmbHG)
Haftung	Komplementär uneingeschränkt Kommanditist mit seiner Einlage
Leitung	Komplementäre

SE - Societas Europaea (Europäische Aktiengesellschaft)

Eine Aktiengesellschaft zu gründen, ist ebenfalls nichts für Anfänger. Innerhalb der EU kann diese Unternehmensform überall in jedem Land eröffnet werden. Für ortsunabhängige Dienstleistungen ist das ein Vorteil, als Startup musst du allerdings international arbeiten.

Eigentümer	Holding-SE, Verschmelzung, Tochter-SE, Umwandlungs-SE
Stammkapital	120.000 €
Haftung	Aktionäre mit ihrem Aktienwert
Leitung	Vorstand, Aufsichtsrat- oder Verwaltungsrat

Wie alle anderen Dinge im Leben haben auch die verschiedenen Gesellschaftsformen Vor- und Nachteile. Vielleicht hilft hier auch eine Beratung bei einem selbstständigen Berater oder den Stellen der IHK.

WIE NENNE ICH MEINE FIRMA?

Diese Frage ist nicht unwichtig. Ein Firmenname soll einprägsam sein, vielleicht den eigenen Namen oder den Gegenstand der Firma beinhalten und zum Bestandteil der Firma werden. Allerdings gibt es auch hier einiges zu beachten.

Zum einen muss bei bestimmten Gründungsformen die Rechtsform mit angegeben werden (z. B. UG (haftungsbeschränkt), GmbH, AG, ...). Zum anderen gibt es Vorschriften aus dem Handelsgesetzbuch, dem Gesetz gegen unlauteren Wettbewerb und dem Markengesetz, die bei der Namensgebung deiner Firma zu beachten sind. Unter anderem gibt es da Grundsätze der Firmenklarheit und des Irreführungsverbotes. Es muss für jeden erkennbar sein, wer sich hinter der Firma verbirgt und was deine Firma macht. Dein Firmenname darf noch nicht vergeben sein und du solltest auch bedenken, wenn der Firmenname auch die Internetseite benennen soll, dass der Name der Website noch nicht vergeben sein darf.

Hier noch einmal die einzelnen Steps:

1. Prioritäten setzen

Es ist fast unmöglich, den perfekten Firmennamen zu finden. Oft ist er schon vergeben oder nur für die Gründer verständlich. Hier wirst du einen Kompromiss finden müssen zwischen Einzigartigkeit, SEO-Optimierung, Verfügbarkeit und Verständlichkeit. Was davon ist zukünftig am wichtigsten für dein Unternehmen? Du kannst eine Liste erstellen, auf der du die Prioritäten für dich aufstellst und dann anhand dieser Merkmale einen Namen finden.

2. Verfügbarkeit prüfen

Ob dein Wunschname schon vergeben ist, erfährst du beim Deutschen Marken- und Patentamt und für Domains bei checkdomain.de.

3. Fantasie oder Beschreibung

Soll es ein Fantasiename werden oder lieber dein Unternehmen beschreiben? Wenn deine Firma stark im Internet präsent ist, ist ein Fantasiename schon allein für die Einprägsamkeit besser, aber auch, um schnell eine Domain zu finden.

4. Kreativ sein

Besonders bei Friseuren kann man eine gewisse Kreativität in der Namensgebung finden. Ich erinnere mich da an KaiserSchnitt oder VorHair-NachHair. Wenn du kreativer sein möchtest, hol dir ein Team zusammen und frag in deinem Freundeskreis nach Vorschlägen. Du kannst auch zukünftige Mitarbeiter mit einbeziehen, so festigt sich direkt ein Zugehörigkeitsgefühl.

5. Schreibweise

Versuch, dich nicht von den aktuellen Trends anstecken zu lassen. Seit einiger Zeit tummeln sich Firmen wie Zalando, Opodo oder Trivago. Finde etwas eigenes, was dich einzigartig macht. Wenn möglich sollte der Name auch nicht so lang sein.

6. Abkürzungen vermeiden

Es gibt viele Firmen mit Firmennamen, die eine Abkürzung sind. Diese Unternehmen haben sich aus Tradition und Geschichte heraus entwickelt (SAP, DHL, H&M). In der heutigen Zeit ist es schwer mit einem Firmennamen, der aus einer Abkürzung besteht, Verständnis bei Kunden entwickeln zu können.

7. Namen testen

Hast du eine kleine Liste von möglichen Namen, solltest du sie im Freundes- oder Bekanntenkreis auf Verständlichkeit testen. Auch ein kleiner Test bei Passanten kann hilfreich sein, um zu schauen, ob dieser Name sich einprägen kann.

STANDORT UND RÄUME

Die Wahl des Standortes und der Arbeitsräume hängt von einigen Faktoren ab. Hast du zukünftig Kunden, die zu dir kommen oder arbeitest du eher per Internet und Telefon? Was kostet der Standort an Miete und musst du vielleicht mit weiteren Investitionen rechnen, z.B. Umbau oder Renovierung?

Lage

Investierst du in eine Immobilie, ist die Lage entscheidend. Wie ist die Verkehrsanbindung, welche Möglichkeiten der Versorgung gibt es, wie entwickelt sich das Viertel? Ohne eine Standortanalyse solltest du hier keine Entscheidung treffen.

Nachfrage

Vor allem bei Besucherverkehr ist die Frage, wie weit zu laufen deine Besucher bereit sind. Laufkundschaft läuft im Durchschnitt 10 min. zu einem Geschäft. Es ist also wichtig zu wissen, ob genug Kunden aus deinem Zielpublikum in der Nähe wohnen oder arbeiten. Informationen über die Bevölkerungsdichte und Kaufkraft findest du im Internet oder bei den zuständigen Behörden.

Konkurrenz

Wichtig ist natürlich auch, mit wem du deine Kunden teilen musst. Gibt es schon größere Geschäfte mit der gleichen Idee? Gibt es vielleicht Traditionsunternehmen? Hier hilft oft schon einfach mal ein Spaziergang durch das avisierte Viertel.

Standortprognose

Neben dem Ist-Zustand lohnt es sich, die Entwicklung des Standortes zu durchleuchten. Wie könnte sich das Image des Stadtteils oder der Region entwickeln? Gibt es vielleicht größere Baumaßnahmen, die in der nächsten Zeit angedacht sind (Straßensperrungen oder langfristige Umleitungen wären kontraproduktiv)? Werden ggf. die Nachbarhäuser saniert in nächster Zeit?

Geschäftsräume

Wenn du den richtigen Standort gefunden hast, musst du schauen, ob dein Objekt der Begierde auch die nötigen Ressourcen mit sich bringt. Hast du Kundenverkehr, brauchst du Parkplätze. Als Einzelhändler wären Schaufenster von Vorteil. Willst du in die Gastronomie, brauchst du vielleicht einen Außenbereich.

Hier noch einmal die wichtigsten Faktoren im Überblick:

- Größe
- Konditionen bei Miete oder Kauf
- ist eine spätere Erweiterung möglich
- wie sind die Räume ausgestattet
- Verkehrsanbindung / Parkplätze
- Betriebserlaubnis

Rechte

PRODUKTRECHT

Beim Produktrecht geht es vorrangig um Hersteller, die Waren produzieren, importieren, bereitstellen oder verändern – so die nette Erklärung von Juristen. Es geht darum, welche Produkte markt- und verkehrsfähig sind, also den Anforderungen entsprechen und damit in die EU bzw. Bundesrepublik distribuiert werden dürfen.

Zu finden sind die Bestimmungen im BGB und dem Produkthaftungsrecht.

PRODUKTHAFTUNG UND -SICHERHEIT

Die Entwicklung in Sachen Gesetze und gerichtliche Entscheidung begann zum Großteil durch die Hühnerpest von 1968. Um den Konsumenten zu schützen, wurde ein abstrakter Schutz geschaffen, der die Haftung des Herstellers von vertragsrechtlichen Grenzen befreit. So ist nicht nur der Käufer, sondern auch jeder andere geschützt, der zufällig Schaden durch die mangelhafte Ware erleidet.

Die wesentlichen Rechtsgrundlagen für Sach- und Personenschäden im Zusammenhang mit Produkten sehen wie folgt aus:

- Deliktrecht: Schuldhafte Pflichtverletzung des Verkäufers oder Herstellers, die zur Folge Körper- oder Eigentumsverletzungen haben. Zu Schadenersatz führen auch Verstöße gegen das Produktsicherheitsgesetz, das Elektro- und Elektronikgerätegesetz und viele weitere.
- Bei der Verletzung von Sicherheitspflichten sprechen wir von der Produkthaftung nach dem Produkthaftungsgesetz.
- Bei Kaufverträgen reden wir von vertraglicher Haftung, wenn aufgrund eines Verschuldens (mit Vorsatz oder Fahrlässigkeit) des Verkäufers ein Problem auftaucht.

- Bei Körperverletzung, Totschlag oder Sachbeschädigung kommen wir zur strafrechtlichen Verfolgung, die als Folge Geld- oder Freiheitsstrafen nach sich ziehen kann.
- Vorstände, Aufsichtsräte und Geschäftsführer unterliegen der Organhaftung.

HAFTUNG NACH DEM PRODUKTHAFTUNGSGESETZ

In Kraft getreten ist das Produkthaftungsgesetz am 01.01.1990. Hier geht es darum, dass ein Hersteller für Folgeschäden verantwortlich und haftbar ist, wenn sie durch den Gebrauch seiner Produkte entstehen. Der Hersteller muss dafür sorgen, dass sein Produkt Sicherheit bietet. Ein Risiko, das bekannt ist und vermieden werden kann, ist kein Fehler. Grundsätzlich sind immer die höchsten Sicherheitsstandards zu gewährleisten.

PFLICHTEN ZUR VERMEIDUNG VON KONSTRUKTIONSFEHLERN

Als Hersteller bist du verpflichtet, durch sämtliche Maßnahmen dafür zu sorgen, dass deine Artikel auf dem neuesten technischen Stand sind und dem Sicherheitsstandard entsprechen. Ist ein Produkt fehlerhaft, muss der Fehler nach den wissenschaftlich technischen Standards ermittelt und behoben werden. Hier gibt es einschlägige Regelwerke wie die VDE-Bestimmungen oder DIN-Normen. Diese Regeln geben allerdings nur die Sorgfaltspflicht vor und nicht die Festlegung der Verantwortlichkeit. Ein Konstruktionsfehler liegt immer dann vor, wenn die ganze Serie diesen Fehler aufweist.

PFLICHTEN ZUR VERMEIDUNG VON FABRIKATIONSFEHLERN

Der Fabrikationsprozess muss so geregelt sein, dass sichere und einwandfreie Produkte erzeugt werden und fehlerhafte Stücke durch eine entsprechende Endkontrolle aussortiert werden. Fabrikationsfehler betreffen oftmals nur Einzelstücke.

CHECKLISTE PRODUKTSICHERHEIT

- ❖ Der Benutzer muss auf den Gebrauch hingewiesen werden. Warnhinweise und Informationen bei Fehlgebrauch (eines durchschnittlichen Benutzers) müssen angebracht werden. Auch vor Missbrauch muss gewarnt werden, hierfür wird vorher eine Gefahrenanalyse erstellt und der Gebrauch danach geklärt.
- ❖ Konstruktiv technische Schutzvorrichtungen werden nicht durch Warnhinweise ersetzt.
- ❖ Auf konkrete Handhabung und besondere Gefahren muss hingewiesen werden.
- ❖ Aufkleber weisen auf besonders gefährliche Situationen hin.
- ❖ Ist eine Person, die eine technische Anlage bedient, geschult und mit den Gefahren vertraut, können die Warnhinweise weggelassen werden.
- ❖ Ist ein Produkt schon auf dem Markt, muss es beobachtet und bei ersichtlicher Gefahr zurückgerufen werden.
- ❖ Um die Instruktionen verständlich, ausreichend, vollständig und verständlich zu machen, arbeite möglichst mit Symbolen. Damit wird auch gleich eine eventuelle Sprachbarriere umgangen.

PFLICHTEN ZUR VERMEIDUNG VON INSTRUKTIONSFEHLERN

Hier sind Hinweise gemeint wie zum Beispiel die Gefahr für Kleinkinder bei ständigem Trinken stark gesüßter Getränke oder dass Feuerwerkskörper nicht in die Hände von Kindern gehören. Auch das Fallenlassen einer Waffe oder eine Verletzung am Reißwolf fallen in diese Kategorie. Im Zweifelsfall unterliegt es einer Einzelfallentscheidung vor Gericht, wann das Erkennen einer Gefahr ohne Hinweis zum Allgemeinwissen des Benutzers gehört.

HAFTENDE

Damit ist nicht das Ende einer Haft gemeint, sondern von Zulieferern fehlerhafter Teilprodukte, Verkäufern, Vertriebshändlern, Importeuren und Herstellern die, nach dem Produkthaftungsgesetz, haftbar gemacht werden können.

Natürlich gibt es auch Haftpflichtversicherungen für Produkte, allerdings kommt es hier auf das Produkt an. In der Regel sind diese Versicherungen teuer und die Deckungssumme ist eingeschränkt. Im Fall der Fälle ist es immer ratsam, einen Anwalt hinzuzuziehen.

VERPACKUNGSRECHT

Seit Anfang 2019 geht es nicht mehr nur darum, ein Produkt einzigartig zu verpacken, sondern dass dies auch gesetzeskonform passiert. Das regelt das Verpackungsgesetz (VerpackG). Werden die Richtlinien nicht beachtet, drohen empfindliche Strafen. Wenn du also Produkte verkaufen möchtest, die mit einer Umverpackung an deine Kunden geschickt werden, brauchst du die Lizenz zum Verpacken. Mittlerweile ist das recht unkompliziert über Lizenzero zu erreichen.

Die Lizenz brauchst du ab der ersten befüllten Verpackung!

Schlussendlich geht es darum, dich mit einem Entgelt an der Rücknahme, Sortierung und Verwertung der Verpackungen zu beteiligen. Betroffen sind alle Verpackungen, die an private Endverbraucher vertrieben werden, wie zum Beispiel Serienverpackungen, Seidenpapier und Packband, Versandkartons aber auch Food-To-Go Verpackungen.

Außerdem musst du dich bei LUCID registrieren. Das ist die Datenbank der Zentralen Stelle des Verpackungsregisters (ZSVR). Sie dient als Kontrollorgan und sorgt für Transparenz und faire Bedingungen.

Wer jetzt Angst vor hohen Kosten hat, den kann ich beruhigen. Laut einem Rechenbeispiel von Lizenzero muss eine Firma mit jährlich 2500 kleinen Kartons mit Packband und Füllmaterial aus Papier knapp 50 Euro zahlen. Das wären 0,02 Euro pro Paket.

Im Gegensatz dazu sind die Strafen sehr hoch. Vergisst du, die Lizenz zu beantragen oder gibst falsche Mengen an, kann ein Bußgeld bis zu 200.000 Euro drohen oder sogar ein Verkaufsverbot. Da das Register öffentlich einsehbar ist, kann also jeder schauen, wer dort angemeldet ist.

Wenn du vom neuen Verpackungsgesetz betroffen bist, hier nochmal in Kurzform, was zu tun ist:

- ab 01.01.2019 über LUCID ins Register der Zentralen Stelle eintragen
- die jährlich benötigten Verpackungsmengen (hochgerechnet) bei einem Dualen System (Lizenzero) lizensieren
- im Folgejahr die tatsächlichen Mengen an beiden Stellen final bestätigen

AGB FÜR HÄNDLER

Die AGB brauchst du, um dich im Vorfeld schon gegen Haftungs- oder Gewährleistungsfälle von Kunden abzusichern. Es gibt verschiedene Möglichkeiten. Entweder wendest du dich direkt an einen Anwalt, der dir deine AGB´s passend für dich fertigstellt oder du nutzt einen AGB Generator und nimmst pauschale vorgefertigte Texte, die du dann individuell anpasst. Natürlich kannst du dich auch bei gleichartigen Firmen auf der Website schlau machen, wogegen sich die Konkurrenz so absichert.

Wichtig ist auf jeden Fall, dass auf deine AGB im Kaufvertrag hingewiesen wird und dass dein Kunde die Möglichkeit hat, die AGB zu lesen (vor Ort in einem sichtbaren Aushang oder im Internet, bzw. werden bei manchen Kaufverträgen die AGB noch dazugelegt). Und, wir kennen das alle von Onlinekäufen, der Kunde muss den AGB zustimmen.

FORMULIERUNG UND INHALT

Mit den AGB werden die Verbraucher geschützt und deshalb gibt es klare Vorschriften, wie die AGB´s formuliert werden dürfen. Der Verbraucher darf nicht überrascht werden bzw. dürfen die Klauseln nicht mehrdeutig formuliert sein (§ 305 c BGB), er darf auch nicht unangemessen benachteiligt werden (§ 307 BGB), was bedeutet, dass die Formulierung klar und verständlich sein muss.

Es gibt weitere Beispiele von Verboten bzw. Klauseln, die unwirksam sind. Verstößt du gegen diese, werden deine AGB unwirksam und die normalen gesetzlichen Regelungen treten stattdessen ein.

Als nächstes ein paar typische Punkte, die in den allgemeinen Verkaufsbedingungen zu finden sind:

Freibleibendes Angebot

Grundsätzlich ist jeder, der ein Angebot macht, auch gesetzlich daran gebunden. Du kannst dein Angebot aber als "freibleibend" bzw. "unverbindlich" bezeichnen. Das bedeutet, dass du dieses Angebot jederzeit zurückziehen und mit neuen Konditionen anbieten kannst.

Zahlungsbedingungen und Preise

Unter die Zahlungsbedingungen fällt die Möglichkeit der Bezahlung, ob man in Vorkasse gehen muss oder Skonto gewährt wird.

Die Preise müssen klar als Brutto oder Netto erkennbar sein. Außerdem müssen die Zusatzkosten angegeben werden (z.B. für Transport, Transportversicherung, Verpackung, ...).

Widerrufsbelehrung

Gerade bei Onlinekäufen, aber auch bei allen anderen, muss der Kunde über sein 14-tägiges Widerrufsrecht informiert werden. Dazu gehört auch, wie er den Widerspruch in die Wege leiten kann und welche Folgen er hat. Hier gibt es vom Gesetzgeber eine Musterbelehrung, die übernommen werden sollte.

Lieferort, Lieferzeit und Gefahrtragung

Hier gibt es eine Vielzahl an Varianten, wie etwas formuliert werden kann. Sinnvoll ist, dem Käufer verständlich zu machen, dass Liefertermine nur dann verbindlich sind, wenn sie als Fixtermin definiert wurden.

Natürlich solltest du absichern, dass du nicht für Verzögerungen aufkommst, wenn der Kunde sie zu vertreten hat.

Eigentumsvorbehalt

Er besagt, dass das Eigentum erst dann an den Käufer übergeht, wenn alle Kosten und Nebenkosten bezahlt wurden.

Haftung und Gewährleistung

Die Haftung darf, nach dem Produkthaftungsgesetz oder bei Vorsatz und Personenschäden, nicht eingeschränkt oder ausgeschlossen werden. Es gibt allerdings dennoch Möglichkeiten, bei einfacher oder mittlerer Fahrlässigkeit im Bereich von Nebenpflichten, Pflichtverletzungen von Erfüllungsgehilfen und Mangelfolgeschäden eine Begrenzung einzubauen.

Bei den gesetzlichen Gewährleistungsregeln sind die Grenzen sehr eng gesteckt. Es gibt mögliche Einschränkungen z. B. bei anfälligen Waren (Hygieneschutz, Verderblichkeit, u.a.).

Auf weitere Themen gehe ich nicht im Einzelnen ein, du solltest sie aber dennoch in den AGB verankern: Datenschutz, Kundenservice, Rücksendungen, Entsorgung von Altgeräten, Verpackungen etc.

Wie du siehst, ist es nicht ganz simpel, seine AGB selbst zu gestalten. Du musst die aktuellen gesetzlichen Regelungen einbeziehen, aber auch die aktuelle Rechtsprechung vom Bundesgerichtshof und bedingt auch der Instanzgerichte. Deshalb ist es ratsam, hier ein wenig Geld in einen Anwalt zu investieren, der am Ende deine AGB zumindest rechtlich prüft.

MARKEN- UND PATENTSCHUTZ

In Deutschland werden jährlich ca. 65.000 Patente angemeldet (weltweit ungefähr 2 Millionen). Wann man ein Patent anmelden kann, wird im Patentgesetz geregelt. Grundsätzlich kann jede Neuheit, die noch nicht auf dem Markt ist, aus einer erfinderischen Tätigkeit hervorgegangen ist und gewerblich angewendet werden kann, patentiert werden. Die Definition lautet wie folgt: Eine erfinderische Tätigkeit liegt dann vor, wenn sie sich für den

Fachmann nicht in naheliegender Weise aus dem Stand der Technik ergibt. Es gibt noch ein paar Einschränkungen und Sonderfälle, aber im Großen und Ganzen läuft es auf diese Definition hinaus.

Stolpersteine und Fallstricke

Eine Patentanmeldung kann man mit Hochleistungssport vergleichen. Neben Ausdauer muss man hier und da über Hindernisse springen und sich komplexen Herausforderungen stellen. Grundsätzlich führen häufig unprofessionelles Verhalten, strategische Fehlentscheidungen oder mangelhaftes Management zum Scheitern der kompletten Idee. Auch fehlendes Startkapital und Know-how, fehlende Beziehungen zu den richtigen Ratgebern oder bürokratische Aufwände verhindern oft ein richtiges Durchstarten.

Investoren und Förderer überzeugen

Nicht nur finanziell können Dritte junge Unternehmer unterstützen. Oft haben sie Ratschläge, die sie durch ihre jahrelangen Erfahrungen am Markt sammeln konnten. Sie kennen die Anforderungen am Markt und die aktuelle Gesetzeslage. Genau deshalb wäre eine Überzeugung dieser Unterstützer ein großes Plus. Wenn du dich mit deiner Idee klar von den Wettbewerbern abgrenzen kannst, hast du schon viel gewonnen. Je ausgereifter die Entwicklung ist, desto größer ist die Chance auf eine Partnerschaft. Lässt sich deine Erfindung stark skalieren, kannst du Investoren ebenfalls überzeugen. Die Wachstumschancen und optimale Anpassung an den Markt schätzen viele Investoren. Für Kapitalgeber, die eigene wirtschaftliche Interessen verfolgen, ist ein Projekt auf dem Zukunftsmarkt sehr interessant.

Kritische Phasen

Hier helfen Mentoren bzw. Investoren mit dem nötigen Know-How und einem bestehenden Netzwerk. Natürlich stehen die Finanzen im Vordergrund. Ohne Geld geht es einfach nicht und gerade am Anfang fallen oft große Investitionen an. Deine Partner profitieren von ihren eigenen Erfahrungen und können dich bei strategischen Entscheidungen beraten. Dieses

Wissen ist nicht zu unterschätzen. Damit wird ein Unternehmen manchmal generell neu ausgerichtet, Fehler lassen sich im Vorfeld vermeiden und Ausgaben können reduziert werden.

Netzwerken

In der heutigen Zeit geht ohne Networking fast gar nichts mehr. Selbst wenn du bereits Investoren an Land gezogen haben solltest, ist ein breites Netzwerk wichtig. Wenn du als junger Unternehmen noch kein großes Netzwerk hast, kannst du vielleicht auf das Netzwerk deiner Investoren zurückgreifen. Je mehr Menschen du im Netzwerk hast, desto mehr Wissen kannst du abfragen. Gerade bei Detailfragen kann sich ein passender Mensch aus dem Netzwerk als sehr sinnvoll erweisen. Vielleicht hat jemand in deinem Netzwerk etwas mit Marketing zu tun oder ein anderer kennt sich im Vertrieb bestens aus. Du kannst nicht alles wissen. Vitamin B oder die richtigen Beziehungen helfen oft, schnell Antworten auf Fragen zu finden. Auch politische Kontakte sind nicht zu unterschätzen.

Staatliche Beihilfe

Zu nennen ist hier vor allem WIPANO (Wissens- und Technologietransfer durch Patente und Normen). Das ist die "Hilfsabteilung" vom Bundesministerium für Wirtschaft und Energie. Nach der Antragstellung können max. 50% der Gesamtkosten (höchstens 16.575 €) innerhalb des zweijährigen Förderzeitraums erstattet werden. Das ist nicht wirklich viel, wenn man überlegt, wie viele Jahre manche Erfindungen gebraucht haben und was im Vorfeld schon investiert wurde. Diese Richtlinie läuft übrigens Ende 2019 aus. Man darf gespannt sein, was danach angeboten wird.

Bei der Normierung und Standardisierung von Patenten ist der Staat um einiges großzügiger. Wenn es darum geht, die Forschung in wirtschaftlich nutzbare Standards zu übertragen, stehen neben der organisatorischen Hilfe bis zu 200.000 € pro Projekt zur Verfügung. Dafür musst du jedoch mit einer Forschungseinrichtung oder Hochschule kooperieren.

Leitfaden für die Patenteinreichung

- Erfindererstberatung beim Deutschen Patent- und Markenamt nutzen
- Patentanwaltskanzlei für das Vorhaben wählen
- korrekte Formulierung beachten
- komplette Erfindung vollständig darstellen
- technische Beschreibung exakt formulieren
- Zeichnungen einreichen wenn nötig
- Patentansprüche durchdenken und gut formulieren
- Gebühr fristgerecht zahlen
- Patent online einreichen (Geld- und Zeitersparnis)

GEISTIGES EIGENTUM

Da man gerade in der ersten Gründungsphase viel Geld in diverse Dinge investieren muss, geht der Schutz des geistigen Eigentums oft unter, denn auch hier muss man Geld investieren. Einige Dinge können nur bis zu einem bestimmten Zeitpunkt geschützt werden, danach könntest du dein Design bei der Konkurrenz wiederfinden.

GEBRAUCHSMUSTER

Das Gebrauchsmuster ist ein ungeprüftes Schutzrecht. Deshalb gibt es mittlerweile schon einige nicht schutzfähige Gebrauchsmuster. Oft wird die Erfindung also ohne eine vorherige Prüfung angemeldet. Das kann auch nach hinten losgehen, da derjenige, der die Lizenzgebühren für ein unwirksames Muster gezahlt hat, diese auch vom Inhaber zurückverlangen kann. Auch die Löschung muss der Inhaber zahlen. Im Gegensatz zum Patent wird das Gebrauchsmuster nur für Produkte erteilt und nicht für Verfahren, und die Schutzdauer beträgt nur 10 Jahre.

DESIGN

Ist dir bewusst, dass einige Karosserien von Pkw oder ein klassischer Rollstuhl Designschutz genießen? Grundsätzlich kannst du jedes Design eines Gegenstandes schützen lassen. Wichtig ist natürlich die Prüfung, ob dein Design schon geschützt wurde und ob es schutzfähig ist.

Es gibt verschiedene Wege, zum Designschutz zu gelangen. Zum einen gibt es das Urheberrecht, das erst 70 Jahre nach dem Tod des Urhebers erlischt. Dieses Recht kann allerdings nur bei angewandter Kunst zum Tragen kommen. Der Gesetzgeber sagt, dass das Design die Durchschnittsgestaltung deutlich überragen muss. Beispiele findest du im Bereich Möbeldesign.

Dann gibt es den Wettbewerbrechtlichen Nachahmungsschutz (geregelt durch das Gesetz gegen unlauteren Wettbewerb - UWG). Hier wird nicht das Design als solches, sondern die Ausnutzung durch Konkurrenten geschützt. Hier bedarf es übrigens "nur" einer wettbewerblichen Eigenart und nicht angewandter Kunst. Deshalb greift dieser Schutz auch bei Messern oder Spielzeugen.

Ein Design kann beim DPMA angemeldet werden, vorausgesetzt es ist neu und besitzt eine Eigenart. Die Prüfung, ob die Voraussetzungen erfüllt sind, muss hier allerdings der Anmelder selbst vornehmen.

MARKEN

Der Markenschutz ist uns wohl am ehesten bekannt. Eine Marke kann alles Mögliche absichern, von Farben, Firmennamen, aber auch Logos und/oder Slogans. Er schützt davor, dass gleiche oder ähnliche Waren bzw. Dienstleistungen unter gleichen oder ähnlichen Bezeichnungen angeboten werden. Voraussetzung ist, dass die Marke die Produkte unter sich von denen anderer Unternehmen unterscheidet. Ein Merkblatt, was genau eine Marke ist, kannst du beim Deutschen Patent- und Markenamt (DPMA) bekommen. Geprüft wird hier vom DPMA im Eintragungsverfahren. Es wird allerdings nicht gecheckt, ob es schon ältere identische oder ähnliche Marken gibt, das muss der Anmelder selbst machen.

Coca-Cola ist eine der Marken, die wir alle kennen. John Pemberton erfand 1886 ein Getränk gegen Depressionen. Heute ist die Marke eine Maschine zum Gelddrucken. Schon ein Jahr nach der Entwicklung hat Pemberton den Schriftzug schützen lassen und 1926 wurde Coca-Cola in Deutschland als Marke angemeldet.

Willst du eine Marke eintragen lassen, musst du erst einmal ein zweiseitiges Formblatt ausfüllen. Darauf musst du angeben, für welche Geschäfte der Schutz gelten soll. Hier hast du die Wahl aus unterschiedlichen Klassen wie Bekleidung, Hotels, Waschmittel und anderen. Außerdem musst du das Bild als Text, Bild oder Grafik bzw. bei Hörmarken als Tonträger beilegen. Eine Anmeldung für drei Klassen kostet 300 €, möchtest du noch weitere Klassen, kostet jede weitere 100 €. Nachdem du die Gebühr bezahlt hast, prüft das Amt ob dein Antrag schutzfähig ist oder nicht. Bei Ablehnung ist das Geld futsch. Die Prüfung kann bis zu vier Monate dauern. Besteht dein Antrag, veröffentlicht das Markenamt ein Markenblatt. Danach haben andere ein Vierteljahr Zeit, Widerspruch einzulegen. Passiert das nicht, kommst du mit deiner Marke ins Markenregister und der Schutz kann nur noch gerichtlich angefochten werden. Der Schutz beginnt mit dem Tag der Anmeldung und endet 10 Jahre später. Ein Jahr vor Ablauf kannst du um weitere 10 Jahre verlängern.

Sinnvoll ist, bei einer Markenanmeldung einen Anwalt an seiner Seite zu haben. Er weiß, wo im Vorfeld recherchiert werden sollte, er hat ggf. ein Analysebüro zur Hand und betreut das ganze Verfahren rechtlich.

GEHEIMHALTUNGSVEREINBARUNG

Ganze Konzepte kannst du in Deutschland nicht schützen lassen. Das verhindert der Gesetzgeber, weil er keine Alleinstellung von Ideen auf dem Markt möchte. Wenn du also eine innovative Idee oder ein tolles Konzept hast, kannst du es nur über den Weg der Geheimhaltung vorm Kopieren schützen. Vertraulichkeit ist natürlich das oberste Gebot, doch oft lässt es sich nicht vermeiden, seine Ideen mit anderen zu besprechen. Um zu verhindern, dass dein Know-how später von genau diesen Partnern oder

Mitarbeitern weitergegeben wird, muss eine Geheimhaltungsvereinbarung getroffen werden. In dieser Vereinbarung musst du sehr genau beschreiben, welches Wissen nicht weiter gegeben werden darf und welche Konsequenzen die Nichteinhaltung mit sich bringt (z.B. Vertragsstrafen).

Folgende Themen finden sich häufig in Geheimhaltungsvereinbarungen: Parteien, Zielrichtung und Gegenstand der Gespräche, Dauer der Geheimhaltung, Rechtsfolgen ohne dass der Schadenseintritt nachgewiesen werden muss (Fahrlässigkeit muss gegeben sein).

Vertrauliche Informationen können u. a. sein:
Geschäfts- und Betriebsgeheimnisse,
Rezepturen, technische Aufzeichnungen, Berechnungen,
Zielstrategien, Vertriebskonzepte, Normblätter,
Arbeitspläne, Organisationsstrukturen, Verfahrensanweisungen,
Montagezeiten, Daten zu Betriebsabläufen
Zeichnungen von Vorrichtungen oder Werkstücken,
Designs, Modelle und Muster,
Fotos von Interna,
Informationen von Festplatten, Karteien oder Sticks,
anderes wichtiges kaufmännisches, technisches oder wirtschaftliches Wissen

Vom Bundesministerium für Wirtschaft und Technologie werden Unternehmen, Hochschulen und freie Erfinder bei der wirtschaftlichen Verwertung und rechtlichen Sicherung ihrer Ideen mit dem Programm Signo geschützt (Schutz vor Ideen für die gewerbliche Nutzung). Dieses staatliche Förderprogramm kannst du dir hier näher anschauen www.signo-deutschland.de.

ARBEITSRECHT

Auch in diesem Kapitel geht es vorrangig um rechtliche Regelungen und worauf du achten solltest. Ich entschuldige mich im Voraus dafür, dass es etwas trocken werden könnte. Da die rechtliche Seite eine ernste Angelegenheit ist, werde ich nicht drum herum reden oder das Ganze locker gestalten.

ARBEITSZEITEN

Sind wir fest angestellt, dürfen wir nicht arbeiten, wann es uns am besten passt. Das gleiche gilt auch für deine zukünftigen Angestellten. Die Arbeitszeiten werden vom Gesetzgeber im Arbeitszeitgesetz geregelt.

Zuerst haben wir da die Mindestanforderungen, an die sich jedes Unternehmen halten muss:

- Die tägliche Arbeitszeit beträgt 8 Stunden, die höchste wöchentliche Arbeitszeit 48 Stunden → diese Zeiten dürfen nicht überschritten werden.
- Ohne Begründung ist eine zeitweise Arbeitszeit von 10 Stunden täglich und 60 Wochenstunden möglich, wenn der Durchschnitt innerhalb eines halben Jahres die 8 Stunden nicht überschreitet. Ein Ausgleich der hohen Belastung muss gewährleistet werden.
- Sitzen deine Mitarbeiter zwischen 6 und 9 Stunden am Schreibtisch, brauchen sie mindestens 30 min. Pause. Darüber hinaus ist mindestens eine ¾ Stunde nötig. Außerdem muss zwischen den Arbeitszeiten mindestens 11 Stunden Ruhezeit liegen (Ausnahmen gibt es für Branchen mit Bereitschaft).
- Sonn- und Feiertage sind arbeitsfrei (auch hier gibt es Ausnahmen).

Jetzt könntest du sagen, ich stelle keine Mitarbeiter ein (denn das Gesetz gilt nur für Angestellte), sondern arbeite mit freien Mitarbeitern oder du benennst einige Mitarbeiter zu leitenden Angestellten (auch hier können andere Regeln gelten). Sei an dieser Stelle gewarnt. Nicht du entscheidest über die Jobbezeichnung, sondern verschiedene Kriterien z.B. die Weisungsgebundenheit. Fühlt sich jemand nicht korrekt behandelt und klagt, kann es sein, dass du nachträglich sowohl die Steuern als auch die Sozialabgaben zahlen musst.

Machen deine Mitarbeiter zu viele Überstunden, drohen Nachzahlungen, Bußgelder und sogar Freiheitsstrafen.

Gerade am Anfang kann es gut sein, dass du kein großes Büro hast, aber genug Arbeit für deine Mitarbeiter. Hier kannst du als Alternative über den Arbeitsplatz im Homeoffice nachdenken. Das kann man auch zeitlich teilen, wenn zum Beispiel eine Mitarbeiterin am Nachmittag ihr Kind versorgen muss und eine andere am vormittags nicht arbeiten kann, dann reicht für beide ein Arbeitsplatz. Allerdings gibt es auch hier ein paar Vorschriften, weil du als Arbeitgeber trotzdem die Verantwortung für die Arbeitszeit deiner Mitarbeiter hast, obwohl du es an dieser Stelle schwer kontrollieren kannst.

Die aktuelle Gesetzgebung verlangt eine Zeiterfassung. Hier musst du eine Möglichkeit finden, wie sich deine Mitarbeiter im Homeoffice zeitlich verankern können (vielleicht mit dem Login im Mitarbeiterbereich der Firmenwebsite). Du solltest den Mitarbeiter auch nochmal explizit über seine Aufgaben, den Arbeitsumfang und die Ruhezeiten aufklären, am besten mit einer schriftlichen Vereinbarung. Auch feste Arbeitszeiten und Kernarbeitszeiten sind wichtig, damit der Mitarbeiter nicht zu jeder Tages- und Nachtzeit von anderen angerufen werden kann. Außerdem ist ein wöchentliches Meeting in der Firma nützlich, damit alle Mitarbeiter, ob daheim oder vor Ort, immer auf dem aktuellen Stand sind.

LEIHARBEITER, FREMDPERSONAL UND DAS AÜG

Das AÜG ist das Arbeitnehmerüberlassungsgesetz und wurde 2017 neu geregelt. Damit wird der Einsatz von Fremdpersonal ziemlich erschwert. Dieses Gesetz gilt nicht nur für Zeitarbeitsfirmen, sondern auch für Vermittler von Selbstständigen oder Freelancern. Die Höchstdauer für den Einsatz sind 18 Monate (durch Tarifverträge oder Betriebsvereinbarungen max. 24 Monate). Vergisst du die Fristen, wird dein Leiharbeiter automatisch zum angestellten Mitarbeiter mit Urlaubsanspruch, Kündigungsschutz und Abgaben an die Sozialversicherung. Außerdem drohen strafrechtliche Konsequenzen. Auch das Gehalt muss spätestens nach 9 Monaten an das Gehalt des Stammpersonals angepasst werden (Equal Pay). Bei Verstößen droht ein Bußgeld bis zu 500.000 €. Ist die gesetzliche Frist erreicht, muss der Leiharbeiter mehr als 3 Monate aus deinem Unternehmen raus, bevor er erneut eingesetzt werden dürfte.

Der Leiharbeiter erhält einen Arbeitnehmer-Überlassungsvertrag (AÜV). Hier werden neben den Namen der Beteiligten auch andere Dinge geregelt. Bei Verstößen kann die Arbeitsagentur ein Bußgeld bis zu 30.000 € gegen beide Parteien verhängen. Außerdem verliert der Vertrag ggf. seine Gültigkeit und der Leiharbeiter wird zum festen Angestellten.

Einen "Ausweg" gibt es in diesem Fall mit dem schönen Wort "Festhaltenserklärung". Wenn unbeabsichtigt ein festes Arbeitsverhältnis entsteht, kann der Leiharbeiter innerhalb eines Monates eine Erklärung einreichen, in der er klar macht, dass er weiter als Leiharbeiter tätig sein möchte. So kann ein Leiharbeiter nicht ohne seinen Willen zum festangestellten Mitarbeiter werden. Die Erklärung muss persönlich bei der Arbeitsagentur bestätigt werden und spätestens nach 3 Tagen bei Ent- und Verleiher vorliegen.

Freelancer

Wenn du Freelancer über Agenturen suchst, ist auch Vorsicht geboten. Sie unterliegen einem Werks- oder Dienstvertrag über die Agentur. Da sie damit nicht frei über Ort, Zeit oder die Tätigkeit als solches entscheiden können, besteht hier ggf. wieder eine Scheinselbstständigkeit. Die früheren Fallschirmlösungen werden mit dem neuen Gesetz ausgeschlossen.

ARBEITSVERTRAG FÜR ANGESTELLTE MITARBEITER

Oft startet man ein kleines Business mit Freunden und einer Idee. Irgendwann kommt dann allerdings der Zeitpunkt, an dem man feste Mitarbeiter einstellen muss. Jetzt könntest du dir eine Mustervorlage aus dem Netz nehmen, aber hier ist Vorsicht geboten. Nicht alle Verträge aus dem Netz sind das, was du benötigst oder sie sind veraltet. Sie könnten Klauseln enthalten, die heute nicht mehr zulässig sind oder in der Gestaltung etwas zu optimistisch ausgelegt sein. Grundsätzlich ist der Abschluss eines Arbeitsvertrages formfrei und könnte theoretisch auch mündlich abgeschlossen werden, allerdings musst du als Arbeitgeber das Wichtigste dennoch schriftlich mitteilen (laut Nachweisgesetz). Hier droht ansonsten wieder Schadensersatz, wenn eine Prüfung kommt.

Grundsätzlich solltest du dir vor der Festeinstellung deines ersten Mitarbeiters über folgende Punkte Gedanken machen:

Vergütung von Überstunden

Normalerweise ist es unzulässig, eine pauschale Abgeltung der Überstunden pro Monat anzubieten. Eine Mitabgeltung dagegen ist möglich und wird auch häufig genutzt, z.B. eine Deckelung von 10 Überstunden pro Monat.

Bonusregelung

Hier gibt es relativ neue Urteile von Arbeitsgerichten, dass Formulierungen wie “freiwillig und jederzeit widerruflich” unwirksam sind. Klare Regelungen zu Boni sind kalkulierbar und motivieren die Mitarbeiter eher. Eine ganz einfache Regelung ist, den Bonus an das Betriebsergebnis zu koppeln. Wird das Ergebnis nicht erzielt, gibt es auch keinen Bonus.

Was gehört nun in den schriftlichen Arbeitsvertrag:

- Name und Anschrift von Arbeitgeber und Arbeitnehmer
- Beginn des Arbeitsverhältnisses
- Befristung (wie lange)
- Arbeitsort, bzw. wenn es mehrere Orte gibt, ein Hinweis darauf
- die vorgesehenen Tätigkeiten
- Arbeitslohn (einschließlich Zulagen, Sonderzahlungen, Prämien und anderer Zuschläge) und Fälligkeit des Lohns
- Arbeitszeit, Urlaubstage, Kündigungsfrist
- Wenn vorhanden der Hinweis auf Betriebs- und Dienstvereinbarungen oder Tarifverträge, die Anwendung finden
- Nebenbeschäftigungen (falls vorliegend)
- Freistellung bei Kündigung

Beim Urlaubsanspruch haben wir den gesetzlich vorgeschriebenen Urlaub. Der muss mindestens eingehalten werden und braucht nicht ausdrücklich erwähnt werden, da er geltendem Recht entspricht. Darüber hinaus kannst du jedoch mehr Urlaub gewähren. Dann sollte die Regelung im Arbeitsvertrag verankert werden und auch der Verfall davon bzw. eine Auszahlung.

Zu Nebenbeschäftigungen sei noch zu erwähnen, dass ein generelles Verbot grundsätzlich unzulässig ist. Außerdem sind ehrenamtliche Tätigkeiten im gesellschaftlichen, politischen oder karitativen Bereich ohne Zustimmung des Arbeitgebers möglich.

Ohne vorherige Regelung darfst du bei einer Kündigung deinen Arbeitnehmer nicht einfach freistellen, auch nicht, wenn du ihn weiter bezahlst. Du bist zur Beschäftigung deines Arbeitnehmers verpflichtet. Deshalb ist es sinnvoll, diesen Fall bereits im Arbeitsvertrag festzuhalten, sodass du später davon Gebrauch machen kannst.

ALTERNATIVE ZUR FESTANSTELLUNG

Neben einer Festanstellung in Vollzeit gibt es ein paar Möglichkeiten, wie du dennoch an fähige Mitarbeiter kommst, wenn es gerade nötig ist. Gerade zu Beginn hast du noch keine kontinuierlichen Einnahmen und musst dementsprechend flexibel auf Situationen reagieren können. Natürlich gibt es auch hier wieder Vorschriften vom Gesetzgeber. Freie Mitarbeiter oder Kurzarbeit kannst du nicht bedingungslos einsetzen.

Arbeiten in Teilzeit

Wenn du Arbeiten zu vergeben hast, die eine Vollzeitstelle nicht füllen würden, kannst du Mitarbeiter in Teilzeit einstellen. In der heutigen Zeit suchen gerade Mütter Teilzeitstellen, weil sie dann mehr Zeit für ihre Kids haben. Oder du findest Mitarbeiter, die bereits am Vormittag Teilzeit in einem Unternehmen arbeiten und für den Nachmittag noch einen Job suchen. Wenn das für dich vereinbar ist, hast du eine Win-Win-Situation. Eine richtig klare Definition der Teilzeitarbeit gibt es nicht, es ist weniger als Vollzeit.

Wie du das Ganze umsetzt, ist also dir und deinem Arbeitnehmer überlassen. Ihr könntet einen Halbtagsjob vereinbaren, aber er kann auch an einigen Tagen voll arbeiten und den Rest der Woche frei nehmen. Der Einsatz kann auch variieren, je nach Bedarf, das muss aber spätestens 4 Tage vorher angekündigt werden. Ansonsten gelten die gleichen Bedingungen wie für Vollzeitangestellte.

Freie Mitarbeiter

Gerade zu Beginn arbeiten Startups gern mit freien Mitarbeitern. Sie werden für klar definierte Aufträge eingesetzt und dafür bezahlt. Rechtlich abgesichert wird alles mit einen Werk- oder Honorarvertrag. Sind die Aufgaben komplexer, solltest du Zwischenziele und Teilzahlungen vereinbaren. Weitere Verpflichtungen entstehen dir bei freien Mitarbeitern nicht. Du musst allerdings ein Auge darauf haben, ob dein freier Mitarbeiter auch mit anderen Firmen zusammenarbeitet. Tut er das nicht, rutschen wir wieder in die Scheinselbstständigkeit und es könnte sein, dass du Sozialversicherungsleistungen nachzahlen musst. Eine richtig klare Abgrenzung der Scheinselbstständigkeit gibt es nicht. Oftmals entscheiden Gerichte einzeln unter Bezug auf die gesamte Arbeitssituation. Selbstständige arbeiten normalerweise ohne Weisung, können ihre Zeit frei einteilen und sind flexibel bei ihrem Arbeitsort. Abweichendes Verhalten könnte auf eine Scheinselbstständigkeit hindeuten. Könnte ... muss aber nicht.

Leiharbeit

Die rechtliche Seite von Leiharbeitern habe ich weiter oben schon beleuchtet. Wie der Name schon sagt, ist ein Leiharbeiter in einer Firma fest angestellt und wird dir ausgeliehen. Du musst dir also keine Gedanken über Lohn oder Urlaub machen. Schön wäre es, wenn du ein Auge darauf hast, bei wem du deine Mitarbeiter ausleihst. Es gibt zwar einen Mindestlohn, aber auch schwarze Schafe in der Branche.

Praktikanten

Praktikanten sind nicht nur zum kopieren und Kaffee kochen gut. In vielen Unternehmen leisten sie schon wertvolle Arbeit. Im Hinblick auf die fehlenden Fachkräfte wäre es vielleicht gar nicht verkehrt, einem Praktikanten Einblicke in verschiedene Arbeitsfelder zu geben. Vielleicht kommt er nach Abschluss seiner Aus- oder Weiterbildung als fester Mitarbeiter zu dir? Auch bei einem Praktikum gibt es einen Mindestlohn (Ausnahmen sind Praktika unter 3 Monate, Pflichtpraktika und das Praktikum von Minderjährigen ohne Ausbildung). Festgeschrieben werden die Regeln in einem Praktikumsvertrag.

INTERNETRECHT

Das Internet eröffnet uns heute enorme Möglichkeiten für Marketing, Recherchen und Onlinehandel. Allerdings bewegen wir uns auch hier nicht im rechtsfreien Raum. Ein paar Dinge werde ich hier erwähnen, ich weise aber darauf hin, dass es noch viel mehr zu beachten gibt.

DSGVO / DATENSCHUTZVERORDNUNG

Schon allein der Name dieser Verordnung ist eigentlich ein Unding (Verordnung (EU) 2016/679 des Europäischen Parlaments und des Rates vom 27. April 2016 zum Schutz natürlicher Personen bei der Verarbeitung personenbezogener Daten, zum freien Datenverkehr und zur Aufhebung der Richtlinie 95/46/EG). Diese Richtlinie soll Klarheit in den Internet-Dschungel bringen und Verbraucher schützen. Ob die Verordnung hilfreich ist, steht an dieser Stelle nicht zur Debatte. Sie ist da und muss umgesetzt werden.

Einfach ausgedrückt ist der Umgang mit personenbezogenen Daten verboten, wenn die Person nicht ausdrücklich zugestimmt hat.

Ein ganz simples Beispiel ist der Bewerbungsprozess. Hier bekommt man massenweise persönliche Daten. Das musst du heute nicht nur einfach dokumentieren, sondern jedem einzeln Bewerber mitteilen:

- ❖ wer der Verantwortliche ist,

- ❖ wofür du die Daten verwendest,
- ❖ wer Zugriff auf deine Daten bekommt und
- ❖ wie lange du die Daten speicherst.

Die EU hat sieben Grundsätze festgelegt:

1. Artikel 5: Die Grundsätze für die Verarbeitung personenbezogener Daten
2. Artikel 6: Rechtmäßigkeit der Verarbeitung
3. Artikel 7: Bedingungen für die Einwilligung
4. Artikel 8: Bedingungen für die Einwilligung eines Kindes
5. Artikel 9: Verarbeitung besonderer Kategorien personenbezogener Daten
6. Artikel 10: Verarbeitung personenbezogener Daten über Verurteilungen und Straftaten
7. Artikel 11: Verarbeitung, die für eine Identifikation nicht erforderlich ist

Insgesamt findest du auf 88 Seiten die genaue Erklärung zu diesen Hauptgrundsätzen.

Nun reden wir alle immer von "Daten". Herunterbrechen kann man diese auf zwei Kategorien. Zum einen geht es immer um natürliche Personen (Privatpersonen). Juristische Personen sind hier ausgeschlossen. Zum anderen sind nur Unternehmen betroffen, die in der EU ansässig sind bzw. eine Niederlassung in der EU haben oder Daten von Personen mit dem Wohnsitz in der EU verarbeiten.

DATENSCHUTZBEAUFTRAGTER

Zu Beginn dürfte sich das Thema um den Datenschutzbeauftragten bei dir erstmal nicht bemerkbar machen. Das Gesetz schreibt erst ab 10 Mitarbeitern, die regelmäßig mit personenbezogenen Daten arbeiten, einen Beauftragten für den Datenschutz vor.

NEWSLETTER

Ich erinnere mich, dass ich nach Inkrafttreten des Gesetzes mit E-Mails bombardiert wurde. Jeder Onlineshop, jedes Portal und jede Seite, die mit Newslettern arbeitet schickte mir eine Mail, damit ich der weiteren Zusendung zustimme. Am nervigsten waren die, die mir monatlich eine erneute Zustimmung abnötigen wollten (für jeden neuen Newsletter). Das ist völliger Blödsinn. Liegt eine Zustimmung vor und habe ich den Nachweis dafür, muss ich nicht ständig wieder die Zustimmung einfordern. Nur wenn mir der Nachweis abhandengekommen ist, benötige ich einen erneuten Nachweis. Normalerweise stimmen Kunden schon per Double-Opt-In zu.

VERARBEITUNGSVERZEICHNIS

In Artikel 30 steht, dass jeder Verantwortliche, bzw. sein Vertreter ein Verzeichnis aller Verarbeitungstätigkeiten führen muss. Ganz so schlimm wird es für Gründer erstmal nicht, denn dies gilt nur für Firmen mit mehr als 250 Angestellten. Für kleinere Firmen gibt es Mustervorlagen, die als Beispiel dienen und die Sache ein wenig vereinfachen (z. B. https://www.lda.bayern.de/media/muster/muster_9_online-shop_verzeichnis.pdf).

MIEZMAUS

So eine neue Verordnung kann schon irgendwie Respekt einflößen, vor allem, weil viele nicht genau wissen, ob sie betroffen sind, was genau sie jetzt unternehmen sollen und welche Konsequenzen das Nichteinhalten hat.

Miezmaus ist quasi eine Orientierungshilfe für Gründer:
Minimierung der erhobenen Daten
Information darüber, was mit den Daten passiert
Einverständnis für die Datenverwendung einholen
Zeitliche Begrenzung der Speicherung
Möglichst häufig anonymisieren

Außenstehende und Dritte bedenken
Untergebene für die Notwendigkeit sensibilisieren
Sachkundige befragen

SOCIAL MEDIA RECHT

Das ist jetzt nicht komplett neu. Wir alle nutzen YouTube, Facebook und Co bereits privat. Die Logik, die Netzwerke auch geschäftlich zu nutzen, liegt auf der Hand. Wo erreichen wir denn auf anderem Weg gleichzeitig so viele Nutzer?

So nutzt du solche Plattformen auch für dein Business:

Eigene Profile oder Seiten

Auf Facebook kannst du für dein Unternehmen eine eigene Seite erstellen und dort zu Veranstaltungen einladen oder Neuigkeiten posten. Auch Stellengesuche kannst du hier platzieren. Grundsätzlich ist alles zu beachten, was du auch bei deiner privaten Seite beachten musst. Die Namensrechte Dritter dürfen nicht verletzt werden, du musst ein vollständiges Impressum vorhalten und natürlich müssen deine Inhalte mit den gesetzlichen Regeln konform gehen. Wie du das alles auf den verschiedenen Seiten realisierst, kommt immer auf den Betreiber an. Bei Facebook reicht zum Beispiel schon eine Verlinkung auf das Impressum auf deiner eigenen Website.

Das Kopieren fremder Bilder oder Texte ist Tabu. Hier gilt das Urheberrecht und das Missachten kann teuer werden. Es gibt allerdings zahlreiche lizenzfreie Bilder im Netz, die unbedenklich genutzt werden können. Die sicherste Variante ist natürlich, selbst die Bilder zu machen. Wenn du Dinge teilst oder verlinkst, bleibt ja der ursprüngliche Inhalt so erhalten und der Bezug zum Originalpost ist gegeben.

Irreführende Werbung ist auch verboten. Hier sagt das Wettbewerbsrecht, was geht und was nicht. In den letzten Jahren kamen immer mal wieder Reportagen über Firmen die sich Likes, Freunde, Fans oder Follower gekauft haben. Der Sinn dahinter war natürlich, größer zu wirken oder etwas besser zu verkaufen. Dieses Verhalten ist irreführend, weil nicht real und verstößt ganz klar gegen den Wettbewerb.

Die Nutzung fremder Profile oder Angebote

Hier sind wir bei bezahlter Werbung auf anderen Profilen. In Facebook kannst du sogar deine Zielgruppe anpassen. Du solltest aber darauf achten, dass deine Werbung auch als Werbung erkennbar bleibt und nicht irgendwo im laufenden Text erscheint. Das würde dann wieder gegen das Trennungsgebot gehen.

Dann haben wir die Influencer, die selbst schon eine große Zahl an Followern haben. Kannst du einen Influencer überzeugen, dein Unternehmen oder Angebot zu verlinken, erreichst du noch einen weiteren Kundenkreis.

Konsequenzen

Prinzipiell haben Mitbewerber immer die Möglichkeit, eine Rechtsverletzung im Netz zu melden. Zu Beginn führt das zu einer Abmahnung und natürlich der Beseitigung des Verstoßes und oft auch zum Unterschreiben einer Unterlassungserklärung. Ist die Sache damit nicht aus der Welt geschafft worden, kommt es im zweiten Schritt zu einer Klage oder einstweiligen Verfügung oder zur kompletten Sperrung auf dieser Plattform.

IMPRESSUM

Von einem Impressum haben wir alle schon mal gehört. Ein Jurist spricht von der Anbieterkennzeichnungspflicht und geregelt wird das Ganze im § 5 des Telemediengesetzes (TMG). Im Prinzip geht es darum, dass man erkennt, wer für die Website verantwortlich ist. Aber wer braucht jetzt ein Impressum und was genau muss da drin stehen?

WER MUSS EIN IMPRESSUM NACHWEISEN?

Jede Seite, die nicht ausschließlich privaten Zwecken dient. Klingt eigentlich klar und einleuchtend. Das Problem ist, wenn du auf deiner privaten

Website Partnerlinks oder Werbebanner einblenden lässt, ist es schon nicht mehr rein privat. Es geht gar nicht darum, dass du unglaublichen Umsatz über deine Website generierst, es reicht schon, wenn du direkt oder indirekt Einnahmen erzielst. Da sind die Gerichte mittlerweile ziemlich streng.

Fakt ist, als Unternehmen brauchst du immer ein Impressum, auch wenn du über deine Seite keine Verträge abschließt oder etwas verkaufst.

INHALT DES IMPRESSUMS

Der Gesetzgeber schreibt vor, dass die Angaben leicht erkennbar, unmittelbar erreichbar und ständig verfügbar sein müssen. Gemäß § 5 TMG sind folgende Angaben nötig:

1.

a) der Name und die Anschrift, unter der sie niedergelassen sind

b) bei juristischen Personen zusätzlich die Rechtsform, den Vertretungsberechtigten und, sofern Angaben über das Kapital der Gesellschaft gemacht werden, das Stamm- oder Grundkapital sowie, wenn nicht alle in Geld zu leistenden Einlagen eingezahlt sind, der Gesamtbetrag der ausstehenden Einlagen

2. Angaben, die eine schnelle elektronische Kontaktaufnahme und unmittelbare Kommunikation ermöglichen einschließlich der Adresse der elektronischen Post

3. wenn der Dienst im Rahmen einer Tätigkeit angeboten wird, die der behördlichen Zulassung bedarf, Angaben zur zuständigen Aufsichtsbehörde

4. das Handelsregister, Vereinsregister, Partnerschaftsregister oder Genossenschaftsregister, in das sie eingetragen sind, und die entsprechende Registernummer

5. bei bestimmten (reglementieren) Berufen Angaben über

a) die Kammer, welcher die Diensteanbieter angehören,

b) die gesetzliche Berufsbezeichnung und den Staat, in dem die Berufsbezeichnung verliehen worden ist,

c) die Bezeichnung der berufsrechtlichen Regelungen und dazu, wie diese zugänglich sind,

6. die Umsatzsteueridentifikationsnummer, wenn diese vorhanden ist

7. bei Aktiengesellschaften, Kommanditgesellschaften auf Aktien und Gesellschaften mit beschränkter Haftung, die sich in Abwicklung oder Liquidation befinden, entsprechende Angaben dazu

Ein wenig Hilfe beim Erstellen des Impressums gibt dir der kostenlose Generator von eRecht24 (https://www.e-recht24.de/impressum-generator.html).

KONSEQUENZEN BEI NICHTEINHALTUNG

Grundsätzlich erfolgt erstmal immer eine Abmahnung, verbunden mit ca. 1.000 € Gebühren. Jeder, vom Wettbewerber über Verbraucherverbände bis zum Kunden, kann eine Abmahnung initiieren. Möglicherweise musst du außerdem eine Unterlassungserklärung abgeben, dass du in Zukunft deine Homepage nicht mehr ohne Impressum führen wirst (oft mit einer Vertragsstrafe von 5.001 € bei Zuwiderhandlung verbunden).

Die Gründe für Abmahnungen sind folgende:

1. Du hast gar kein Impressum
2. Du hast zwar ein Impressum, das enthält aber nicht alle Daten (selbst die Abkürzung des Vornamens wie M. Mustermann statt Max Mustermann, stellt eine Verletzung dar)
3. Dein Impressum ist falsch gekennzeichnet (das Impressum heißt Pflichtangaben oder Über uns)

Beispiel für das Impressum unterschiedlicher Rechtsformen

Einzelunternehmen
Max Mustermann
Musterstraße 1
12345 Musterstadt
Telefon: 0123 / 45 67 890
Telefax: 0123 / 45 67 89 10
E-Mail: info@mustermann.de
Umsatzsteuer-Identifikationsnummer: DE 123456789
Inhaltlich Verantwortlicher nach § 55 Abs. 2 RStV: Max Mustermann

GbR
Mustermann GbR
Musterstraße 1
12345 Musterstadt
Vertretungsberechtigt: Max Mustermann, Erika Musterfrau
Telefon: 0123 / 45 67 890
Telefax: 0123 / 45 67 89 10
E-Mail: info@mustermann.de
Umsatzsteuer-Identifikationsnummer: DE 123456789
Inhaltlich Verantwortlicher nach § 55 Abs. 2 RStV: Max Mustermann

GmbH
Mustermann GmbH
Musterstraße 1
12345 Musterstadt
Vertretungsberechtigter Geschäftsführer: Max Mustermann
Telefon: 0123 / 45 67 890
Telefax: 0123 / 45 67 89 10
E-Mail: info@mustermann.de

Registergericht: Amtsgericht Musterstadt
Registernummer: HRB 12345
Umsatzsteuer-Identifikationsnummer: DE 123456789
Inhaltlich Verantwortlicher nach § 55 Abs. 2 RStV: Max Mustermann

COPYRIGHT IM IMPRESSUM

Verwendest du Bilder auf deiner Seite, haben die Fotografen das Urheberrecht daran. Findet ein Fotograf sein Bild wieder ohne einen Hinweis auf seinen Namen oder Copyright, kann er dich abmahnen. Um sicher zu gehen, solltest du also den Hinweis auf Copyright mit rein nehmen und wenn du weißt, wer das Bild gemacht hat, den Namen unter das Bild schreiben.

HAFTUNGSAUSSCHLUSS

Früher nannte man ihn mal Disclaimer. Heute nennt man ihn Haftungsausschluss. Im Prinzip kannst du das weglassen. Eine komplette Haftungseinschränkung mit drei Sätzen ist nicht möglich. Dann bräuchten wir uns gar nicht mit den rechtlichen Dingen auseinander zu setzen, weil sich jeder mit einem Dreizeiler im Impressum abgesichert hätte. Wenn es ganz blöd kommt, wirst du sogar für die unzulässige Formulierung abgemahnt.

Möchtest du den Haftungsausschluss trotzdem haben, nutzt du am besten den Generator von eRecht24 (https://www.e-recht24.de/muster-disclaimer.html).

Datenschutzhinweise gehören nicht ins Impressum. Sie sollten einen eigenen Unterpunkt bekommen.

DATENSCHUTZHINWEISE

Über die DSGVO habe ich ja vorhin schon gesprochen. Natürlich gehören die Hinweise auch auf deine Homepage.

Es geht um personenbezogene Daten wie zum Beispiel:
Name, Vorname, E-Mail, Telefonnummer, Anschrift und IP-Adresse.

Zusätzlich nutzen wir im Hintergrund diverse Funktionen, Dienste oder Plug-Ins auf Webseiten die solche Daten übermitteln:

- Google Analytics (Tracking Tool)
- Facebook Like Button, Twitter Share Button
- Google AdSense (Werbenetzwerke)
- Google Maps, YouTube
- Server Statistiken

Auch für eine korrekte Datenschutzerklärung gibt es von eRecht24 ein Muster (https://www.e-recht24.de/muster-datenschutzerklaerung.html).

E-COMMERCE

Natürlich ist ein Onlineshop auch eine Website. Hier gelten also die gleichen Regeln, die ich vorher schon genannt habe und noch einige mehr. Der Onlinehandel wird in Deutschland von zahlreichen Gesetzen reglementiert (z.B. HGB, TMG, Urheberrechtsgesetz, BGB, Gewerbeordnung, Verbraucherkreditrecht, ...).

Besonders das **Telemediengesetz** stellt hier ein zentrales Regelwerk dar. Da ich darauf vorhin schon eingegangen bin, werde ich das hier nicht noch einmal ausführen.

Im BGB wird geregelt, wer Verbraucher und wer Unternehmer ist.

Auch die **Fernabsatzrichtlinie** findet sich hier wieder. Seit 2002 ist diese Richtlinie im BGB verankert und anwendbar auf alle Verträge, die über sogenannte Fernkommunikationsmittel abgeschlossen werden (also E-Mail, Telefon, Briefe, Kataloge, ...). Sie enthält die Informationspflichten des Anbieters (Preise, Merkmale der Waren, Widerrufs- und Rückgaberecht, ...).

Seit 2001 gibt es das SigG – das **Signaturgesetz** – was den Umgang mit elektronischen Signaturen regelt.

Dann haben wir noch die **Preisangabe-Verordnung** (PAngV). Sie besagt, wie die Preise im Internet dargestellt werden müssen. Rechtsexperten sind sich aktuell noch uneinig, ob diese Vorgabe richtig umsetzbar ist, ohne selbst ein großflächiges Rechtswissen mitzubringen. Grundsätzlich geht es aber darum, dem Verbraucher vollständige und zutreffende Informationen zu liefern. Er muss genau wissen, was ein Produkt oder eine Dienstleistung kostet. Diese Angaben sollen möglichst von allen Verkäufern einheitlich dargestellt werden, damit der Verbraucher eine Chance hat, Dinge zu vergleichen.

Neben den deutschen Gesetzen gibt es auch die **EU-Richtlinie für den elektronischen Geschäftsverkehr**. Auch sie wurde verabschiedet, um Verbrauchern mehr Rechtssicherheit zu bieten. In ihren Geltungsbereich fallen u.a.:

- Online Werbung
- Online Informationsdienste (Zeitungen)
- Online Verkauf von Dienstleistungen oder Waren
- Unterhaltung
- Vermittlerdienste (Hosting von Websites)

Die **Leitlinie zur Sicherheit von Internetzahlungen** wurde auch neu geregelt. In erster Linie geht es darum, Betrügern beim elektronischen Bezahlen das Handwerk zu legen. Die Identität eines Kunden wird durch zwei verschiedene Merkmale aus drei verschiedenen Kategorien geprüft. Das sind zum einen Wissen (also Passwörter, Codes), dann Besitz (ein Token oder das Smartphone) und zuletzt Eigenschaften (Fingerabdruck, Netzhautscan). Eigenschaften dürfen nicht duplizierbar sein und alles muss auch voneinander unabhängig bestehen können. Diese Prüfung wird dann bei Zahlungen z. B. über PayPal, Lastschrift oder Kreditkarte vorgenommen. Ausgeschlossen sind nur Ratenzahlungen oder Rechnungskauf.

Natürlich spielen auch beim Onlineshop die **AGB**, das **Impressum**, das **Urheberrecht** und der **Datenschutz** eine Rolle. Darauf bin ich ja etwas weiter vorn schon eingegangen.

Fördermittel und Investoren

Es gibt eine Vielzahl von Möglichkeiten, wie du als Gründer zu Startkapital kommen kannst. Alle Varianten haben ihr Für und Wider. Manchmal musst du das Geld zurückzahlen, manchmal kaufen sich Investoren bei dir ein und können damit auch direkt auf dein Business einwirken, manchmal bekommst du Geld auch einfach "geschenkt". Schlussendlich musst du für jede Finanzierung gewissen Anforderungen genügen.

Als erstes stelle ich dir die Möglichkeiten der Finanzierung vor.

Bootstrapping

Das ist eine Firmengründung ohne Fremdkapital. Man versucht mit dem Geld, das einem zur Verfügung steht, das bestmögliche zu erreichen und die entstehenden Kosten gering zu halten. Es wird viel selbst gemacht um schnell kleine Einnahmen und irgendwann Gewinne zu erzielen.

Venture Capital

Venture Capital ist kein Kredit. Der Kapitalgeber sichert sich "Geld gegen Anteile" und ist somit auch mit dem Unternehmen verbunden. Diese Form des Kapitalgebers kennt man aus der "Höhle der Löwen". Es werden Finanzierungslücken geschlossen und das junge Unternehmen profitiert auch noch von einer gewissen Management-Unterstützung. Um seine Investition zu schützen, hat der Kapitalgeber allerdings oft ein Mitspracherecht und ist Kontrollinstanz. Ziel des Investors ist möglichst schnelles Wachstum, damit er mit Gewinn wieder aussteigen kann.

Business Angels

Hinter den Business Angels stehen vermögende Unternehmer. Sie sind schwer zu finden, weil sie selten inserieren. Wenn man das Glück hat, findet man oft einen Partner, der gern in innovative Geschäftsideen investiert und als Entwicklungshelfer zur Seite steht. Normalerweise haben sie das technische und organisatorische Know-how und viele Netzwerk-Kontakte.

Zu bedenken ist allerdings, dass die Investments nicht die größten Summen sein müssen. Aber für die Startphase sind sie ein Gewinn.

Crowd-Finanzierung

Hier gibt es zwei Formen: Crowdfunding und Crowdinvesting.

Das Einsammeln von Geld für bestimmte Produkte über Plattformen nennt man Crowdfunding. So kann zum Beispiel die erste Produktion finanziert werden und gleichzeitig erreicht man durch die Plattform eine gewisse Bekanntheit und Zugang zu Early-Adoptern. Plattformen hierfür sind z. B. Indiegogo oder Kickstarter.

Im Gegensatz dazu erhält man beim Crowdinvesting regelmäßige Darlehen von vielen kleinen Investoren, unabhängig von einem bestehenden Produkt.

Aber auch diese Finanzierung ist vorsichtig zu nutzen. Überleg dir rechtzeitig eine Anschlussfinanzierung, bedenke, dass du es mit vielen kleinen Investoren zu tun hast, die irgendwann auch kein Geld mehr liefern oder aussteigen.

Inkubatoren und Acceleratoren

Ein Inkubator unterstützt dich über das Kapital hinaus (oft als Venture Capital) auch noch mit Räumlichkeiten. Oft wird er zum Berater, der bei Analysen und der Entwicklung der Geschäftsidee hilft.

Acceleratoren kommen von Universitäten, VC-Gesellschaften oder aus der Finanzbranche. Das Unternehmen stellt das Kapital und einen Mentor zur Verfügung und erhält im Gegenzug Anteile am Startup.

Beide Möglichkeiten können sowohl ein Hauptgewinn als auch Zeitverschwendung sein. Du musst dich fragen, ob die Unterstützung tatsächlich etwas bringen kann oder wie viel Nutzen du von der Zusammenarbeit hast.

KNOW-HOW DER FÖRDERUNG

Ich persönlich bin immer wieder irritiert, welche Möglichkeiten der Förderung es gibt. Bei dem einen muss man das tun, beim nächsten darf man etwas nicht ... Wie das bei Finanzen gern mal so ist, überfordert mich die Vielfalt. Ich versuche, hier ein wenig Licht ins Dunkel zu bringen.

STAATLICHE MITTEL FÜR GRÜNDER

Laut Statistiken setzen über 80 % der Startups auf Bootstrapping, also Eigenfinanzierung. Danach kommen die staatliche Förderung und Family & Friends. "Verlierer" in diesem Ranking sind die Business Angels, sie rutschten 2016 um 7% nach unten in der Gegenüberstellung zum Vorjahr. Auch die Nutzung von Inkubatoren oder Venture Capital nimmt ab. Crowdfunding stagniert im Ranking.

Zuerst solltest du auf Gründerberater.de den Check durchführen. Hier kannst du in einem Telefonat schonmal klären, welche Fördermittel für dich überhaupt in Fragen kommen. *Wichtig ist vor allem, dass viele Förderungen nur greifen, wenn dein Projekt noch nicht gestartet wurde.*

ARTEN DER FÖRDERMITTEL

Folgen Arten gibt es für Existenzgründer:

- Zuschüsse
- Bürgschaften/Garantien
- Darlehen
- Beteiligungen
- Förderung für Beratungen

Zuschüsse für Gründer

Zuschüsse müssen nicht zurückgezahlt werden, deshalb sind sie eine wirklich beliebte Variante der Förderung. Oft sind Zuschüsse aber an spezielle Zielgruppen gerichtet. Bekannt dürfte der Gründungszuschuss sein, der Arbeitslosen die Gründung eines Unternehmens erleichtern soll. Auch Wissenschaftler werden bezuschusst. Hier hebt sich das Programm Exist hervor (darauf gehe ich später noch genauer ein). Dann gibt es noch

Beratungsleistungen, die gefördert werden. Hier gibt es jedoch keine finanzielle, sondern sachliche Hilfestellungen.

Bürgschaften und Garantien für Gründer

Die Bürgschaft kennen wir von Krediten oder Mietverhältnissen. Es geht darum, dass eine dritte Person die fehlenden Sicherheiten ersetzt und bei Zahlungsproblemen einspringt. Eine Sonderform ist die Ausfallbürgschaft. Hier tritt der Bürge nur dann ein, wenn es zur Zwangsvollsteckung bzw. Insolvenz kommt. Solche Bürgschaften werden von Banken übernommen, die im Verband deutscher Bürgschaftsbanken zusammengeschlossen sind. Solche Banken sind dafür da, das Wachstum des Mittelstandes sicherzustellen. Beteiligt sind Wirtschaftsverbände, Innungen, Sparkassen, Kammern und Banken und zu finden ist eine Bürgschaftsbank in jedem Bundesland.

In eine ähnliche Richtung gehen die Garantien. Ein Garant sichert die Zahlungen von Verbindlichkeiten. Bei Beteiligungsgarantien wird die Vergabe von Kapital durch Business Angels oder VC-Gesellschaften erleichtert. Die Garantien vergeben Agenturen oder Bürgschaftsbanken, wenn die Beteiligung sonst platzen würde.

Darlehen für Gründer

Ein Darlehen ist ein Kredit, der allerdings sehr zinsgünstig ist. Hier kommen die ERP Förderkredite ins Spiel (auch darauf gehe ich noch näher ein). Diese Kredite sind ausschließlich dafür gedacht, die deutsche Wirtschaft zu fördern. Wer über Förderdarlehen recherchiert, landet zwangsläufig bei der KfW, denn sie ist die wichtigste Institution auf Bundesebene. Für Gründer gibt es das "Startgeld" und den universellen Gründerkredit oder Mikrokredite mit Darlehensbeträgen.

Parallel dazu gibt es auch auf Länderebene Kredite für Gründer. Sie sind ebenfalls zinsvergünstigt und bieten Haftungsfreistellungen. Oft ist es so, dass die Förderbanken selbst die Kredite nicht vergeben, sondern du den Weg über deine Hausbank gehst. Bei einigen Förderungen wird eine Haftungsfreistellung gewährt, die dann allerdings der Hausbank zugutekommt, denn sonst würde sie haften müssen. Damit soll gewährleistet werden, dass auch Gründer mit weniger Sicherheiten die Möglichkeit auf ein Darlehen haben. Das befreit dich natürlich nicht von der Rückzahlung.

Die Beantragung der Darlehen muss vor der Eröffnung deines Unternehmens passieren.

Beteiligungen für Gründer

Sprechen wir von Beteiligungen, dann reden wir von Risikokapital. Es gibt staatliche Unternehmen, die ganz speziell den Tech-Bereich unterstützen. Es gibt aber auch private Geldgeber und Venture Capital Unternehmen.

Für Beteiligungen brauchst du keine Sicherheiten, weil sie nicht zurückgezahlt werden müssen. Stattdessen beteiligt sich der Investor am Stamm- oder Grundkapital deines Unternehmens und tritt dann auch in der Außendarstellung mit auf. Die seltenere Form ist die stille Beteiligung, bei der sich der Investor im Hintergrund hält.

Beratungen für Gründer

Gerade in der Phase vor der Gründung kommt sehr viel auf dich zu. Da ist so viel zu bedenken und die Bandbreite an Informationen ist unsagbar groß. Hier kannst du die Gründungsberatung in Anspruch nehmen. Willst du deinen Businessplan erstellen oder dich an den Finanzplan wagen, damit du dann Zuschüsse beantragen kannst? Dann kannst du entweder auf regionaler Ebene in deiner Stadt nach einer Beratung suchen oder über die "Förderung unternehmerischen Know-hows" zum BAFA (Bundesamt für Wirtschaft und Ausfuhrkontrolle) gehen. Oft werden Zuschüsse von 50% - 80% gewährt, maximal jedoch 4.000€. In einzelnen Bundesländern gibt es auch Gutscheine oder Vorgründungsprogramme.

VORAUSSETZUNG FÜR DIE BEANTRAGUNG

Bei vielen Förderungen musst du evtl. branchenspezifisches Wissen nachweisen oder andere spezielle Dinge erfüllen. Für jedes Fördermittel gelten aber grundsätzlich folgende Bedingungen:

- ausreichende fachliche (ggf. auch kaufmännische) Qualifikation
- die Idee muss positive Perspektiven in der Zukunft haben
- ordentliche wirtschaftliche Verhältnisse des Antragstellers
- bei Landesfördermitteln muss es einen regionalen Bezug geben
- eigene Mitarbeit im Unternehmen

FÖRDERMITTEL DATENBANK

In Deutschland gibt es über 6000 Möglichkeiten öffentlicher Fördermittel und auch die EU öffnet weitere Türen. Jedes Bundesland hat noch einmal Möglichkeiten für eine lokale Förderung. Förderungen können Zuschüsse sein, aber auch sehr günstige Darlehen. Es lohnt sich also mal zu schauen, welche Förderung für dich hilfreich sein könnte. Ein paar Beispiele stelle ich dir hier vor:

MÖGLICHKEITEN DER FÖRDERUNG IN DEUTSCHLAND

ERP Gründerkredit - Startgeld

Das Startgeld kann jeder Gründer in Anspruch nehmen, solange er über mind. 10% der Gesellschaftsanteile verfügt und aktiver Geschäftsführer ist. Pro Person können bis zu 100.000€ als Kredit beantragt werden. Du musst nachweisen, dass das Projekt, das gefördert werden soll, noch nicht begonnen hat. Es gibt keine Förderung im Bereich erneuerbare Energien. Dein Unternehmen darf höchstens 5 Jahre alt sein.

(https://www.kfw.de/inlandsfoerderung/Unternehmen/Gr%C3%BCnden-Nachfolgen/F%C3%B6rderprodukte/ERP-Gr%C3%BCnderkredit-Startgeld-(067)/)

ERP Kapital für Gründung

Hier handelt es sich um ein Nachrangdarlehen. Es geht nicht darum, hiervon Betriebsmittel zu kaufen, sondern zum Beispiel die erste Teilnahme an einer Messe zu finanzieren. Du darfst höchstens 250 Mitarbeiter beschäftigen und dein Unternehmen darf nicht älter als 3 Jahre sein. Auch hier ist keine Förderung im Bereich der erneuerbaren Energien angedacht.

(https://www.kfw.de/inlandsfoerderung/Unternehmen/Gr%C3%BCnden-Nachfolgen/F%C3%B6rderprodukte/ERP-Kapital-f%C3%BCr-Gr%C3%BCndung-(058)/)

ERP Gründerkredit - Universell

Die Fördersumme geht bis zu 25 Mio. Euro. Der Kredit ist für junge Unternehmen und Gründer gedacht, die investieren wollen. Dein Unternehmen darf nicht älter als 5 Jahre alt sein und du musst weniger als 250 Mitarbeiter beschäftigen. Die Förderung im Bereich erneuerbare Energien ist auch hier ausgeschlossen. Außerdem ist diese Förderung nicht kombinierbar mit dem oben genannten Startgeld.

(https://www.kfw.de/inlandsfoerderung/Unternehmen/Gr%C3%BCnden-Nachfolgen/F%C3%B6rderprodukte/ERP-Gr%C3%BCnderkredit-Universell-(073_074_075_076)/)

Gründerwettbewerb Digitale Innovation

Wenn dein Business hauptsächlich auf Informations- und Kommunikationstechnik setzt, kannst du am Gründerwettbewerb teilnehmen. Dein Unternehmen sollte allerdings noch nicht gegründet sein, bzw. darf die Gründung höchstens 4 Monate zurückliegen. Es gibt jährlich bis zu 6 Hauptpreise zu je 32.000 € und weitere Preise zu je 7.000 €. Die Startsumme von 7.000 € wird direkt ausgezahlt, der Rest vom Hauptpreis ist gekoppelt an die Gründung als GmbH oder AG. Neben dem Geld gibt es noch umfangreiche Hilfen in Form von Coachings. Der Wettbewerb findet jedes halbe Jahr statt. https://www.de.digital/DIGITAL/Navigation/DE/Gruenderwettbewerb/gruenderwettbewerb.html.

Gründerstipendium Exist

Das Stipendium gibt es nur noch bis Ende 2020 und richtet sich in erster Linie an Studenten und Wissenschaftler von Hochschulen. Gefördert werden hier die praktischen Dinge für die Umsetzung wie die Entwicklung von der Idee zum Businessplan. Die Fördersumme erhöht sich je nach Abschluss und ist personengebunden (nicht an ein Unternehmen gekoppelt). So erhalten Studierende 1000€ pro Monat und promovierte Gründer 3000€ im Monat. Die Förderung läuft ein Jahr. Allerdings ist eine Kombination mit anderen Fördermitteln nicht möglich.

(https://www.exist.de/DE/Programm/Exist-Gruenderstipendium/inhalt.html)

High-Tech Gründerfonds (HGTF)

In den Fonds zahlen unterschiedliche Unternehmen ein und er richtet sich an Technologie-Startups. Dein Unternehmen darf höchstens ein Jahr alt sein und muss sich ausgeprägt am Wachstum orientieren. Es muss mindestens 1 Prototyp bzw. “proof of concept” entwickelt werden. Du musst Eigenmittel von 10 % bereitstellen können. Die Fördersumme beträgt 600.000 €.

(https://high-tech-gruenderfonds.de/de/)

MÖGLICHKEITEN DER EUROPÄISCHEN FÖRDERUNG

European Angels Fond (EAF)

Die Angels beteiligen sich an deiner Firma, sie werden also für mindestens 10 Jahre Teil deines Unternehmens sein. Das hat Vor- und Nachteile. Zum einen kannst du natürlich vom Know-How und Netzwerk des Angels kräftig profitieren, zum anderen hat der Angel in den meisten Fällen ein Mitspracherecht.

(https://www.eif.org/)

KIC InnoEnergy Highway

Hier steht die Nachhaltigkeit im Vordergrund. Alles dreht sich um Innovationen rund um das Einsparen von Energien. Es geht nicht nur darum, die Energiekosten zu senken, sondern Systemleistungen zu steigern und neue Arbeitsplätze zu schaffen. Energien sparen kann man also auch, indem man wirtschaftlich rentabel arbeitet. Unterstützt durch das Europäische Technologieinstitut werden hier also Unternehmen im Energiebereich gefördert, auch hier in Form einer Beteiligung am Stammkapital. Die Investition erfolgt in verschiedenen Stufen, zuerst im "Highway Service", bei dem das Gründerteam einen Betriebsmittelzuschuss von ca. 60.000 € erhält. Parallel dazu können zusätzlich für ein halbes Jahr 12.000 € über den "Acceleration Fund" für die Lebenshaltungskosten gewährt werden. Und die Weiterentwicklung sichert später der "Investment Fund".

(https://www.innoenergy.com/)

Marketing

MARKETINGMIX

Schon 1960 hat Jerome McCarthy die 4 Ps des Marketings entwickelt. Hier handelt es sich um die vier Grundsäulen, damit das große Thema Marketing ein wenig greifbarer wird.

Die 4 Ps sind:

★ Produkt (Produktpolitik)
★ Price (Preispolitik)
★ Promotion (Kommunikation im Marketing)
★ Place (Vertriebspolitik)

Die 4 Ps besagen also, dass das richtige Produkt zum passenden Preis über den besten Weg im Vertrieb mit wirksamster Kommunikation bei der richtigen Zielgruppe platziert wird.

PRODUCT

Bei der Produktpolitik geht es in erster Linie um den Nutzen für potenzielle Kunden, das Design des Produktes und den Service rund um dein Produkt. Oberste Regel ist hier die Kundensicht! Natürlich bist du von deinem Produkt überzeugt. Aber was bringt es dem Kunden?

Kernnutzen

Der Kernnutzen ist wichtig für das Angebot an den Kunden. Ein Wasser löscht erstmal den Durst, das ist die Kernaufgabe. Es könnte aber auch weitere Zusätze bekommen wie z. B. den Geschmack. Wasser mit Geschmack löscht also nicht nur den Durst, sondern schmeckt auch noch lecker. Der Nutzen für den Kunden gehört übrigens mit in den Businessplan.

Design

Wie soll dein Produkt aussehen, welchen Namen soll es erhalten? Soll es sich vielleicht zu einer Marke entwickeln? Das sind Fragen zum Thema Design. Welche Form und Farbe soll die Verpackung haben? Hier kannst du auch besondere Verpackungen wählen, die man mitessen kann oder die durch Blinken auf sich aufmerksam machen. Zu beachten sind hier die Schutzrechte. Auch dieser Punkt ist Teil des Businessplans.

Service

Auch der Service ist für deine Kunden wichtig. An dieser Stelle kannst du dich gut von Konkurrenten abgrenzen. Kannst du evtl. eine kostenlose Lieferung anbieten oder kostenlose Beratung? Gibt es für dein Produkt eventuell eine längere Garantie? Sicher fällt dir hier noch mehr ein, wie du den Service für deine Kunden am besten aufbauen kannst.

PRICE

Die Preispolitik dient dazu, deine Kosten zu deckeln und im besten Fall auch noch Gewinn zu machen. Einflussfaktoren sind hier andere Wettbewerber und die richtige Positionierung auf dem Markt. Natürlich sind auch Finanzierungsmöglichkeiten und Rabatte ein Thema in dieser Kategorie.

Den passenden Preis zu finden ist nicht so leicht wie es klingt. Orientiert man sich am Wettbewerber, deckt man vielleicht die eigenen Kosten nicht. Geht man von seinen eigenen Vorkosten aus, könnte das Produkt wieder zu teuer werden, um für Kunden noch interessant zu sein. Eine kleine Hilfe bei der Berechnung bietet hier ein Excel-Tool (https://www.fuer-gruender.de/businessplan-vorlage/preiskalkulation/).

Nach wie vor ticken wir Menschen auf der 0,99 Schiene. Wir wissen alle, dass es nur noch ein Cent ist bis zum Euro ist, runden im Kopf sogar auf und dennoch greifen wir eher zu einem Produkt, das 99,99 € statt 100,00 € kostet. Dieses psychologische Phänomen kannst du bei deiner Preispolitik nutzen.

Auch interessant sind schwankende Angebote. Dazu gehören Rabattaktionen, Lagerräumung und Ausverkauf und Staffelpreise. Bei

Dienstleistungen gibt es eine Einstiegsaktion, die zeitlich begrenzt ist oder ein Schnupper-Abo. Solche Angebote gelten im Allgemeinen für einen bestimmten Zeitraum. Auch hier spielt die Psychologie des Verbrauchers wieder eine Rolle. Hat der Verbraucher das Gefühl, das gute Angebot zu verpassen, schlägt er lieber jetzt als später zu.

Bei einigen Angeboten lohnt sich ein Dreh an den Zahlungskonditionen. Längere Fristen für die Bezahlung, Skonto oder Finanzierungsmöglichkeiten können Kunden zu dir bringen.

Bei jeder dieser Varianten musst du aber im Hinterkopf behalten, dass du eventuell nicht mehr Kunden damit gewinnst. Dann kann dein Gewinn sinken, weil du vergünstigt und trotzdem nicht mehr verkauft hast. Auf der anderen Seite könnten dir die Kunden bei einem günstigen Angebot auch die Bude einrennen, so dass du mehr Artikel vorhalten musst. Solche Möglichkeiten sind immer eine Gratwanderung.

Natürlich gehört auch die Preispolitik in den Business- und Finanzplan.

PROMOTION

Hier steht die Zielgruppe und damit verbundene Maßnahmen im Mittelpunkt. Zum einen ist es also wichtig, dass du deine Zielgruppe genau definiert hast und zum anderen ist dann die Frage, auf welche Werbemaßnahmen deine Zielgruppe reagiert. Willst du etwas für Senioren verkaufen, bringt die Werbung auf Facebook vermutlich nicht den gewünschten Erfolg.

Zur Werbung zählen nicht nur das Platzieren deines Produktes in Printmedien oder online. Hierunter fallen auch Messen und andere Veranstaltungen und die Corporate Identity (darauf gehe ich im Nachgang noch explizit ein).

Zielgruppe

Werbeagenturen bestimmen häufig einen typischen Vertreter der Zielgruppe und erstellen ein detailliertes Profil von ihm. Zum Beispiel: Max Mustermann ist 33 Jahre alt, ungebunden und wohnt in Berlin; er ist im Büro eines Heizungsherstellers tätig; privat ist er Anhänger von Borussia

Dortmund, geht in Clubs und spielt online-Spiele; er liest den Spiegel und den Focus und verreist gern in andere Länder, ...

Hast du deinen Beispielkäufer definiert, kannst du dir anhand seiner Person folgende Fragen stellen:

- Welche Kriterien beeinflussen seine Kaufentscheidung? (Image, Preis, Qualität)
- Wer beeinflusst seine Entscheidung mit? (Eltern, Freunde, Berater vor Ort)
- Über welche Medien erreiche ich meinen Kunden? (Fernsehen, Werbeartikel, Social Media, Werbung im Internet, Direktmarketing)

Im nächsten Schritt geht es darum, das Marketing auf die Zielgruppe auszurichten. Wichtig ist an der Stelle auch, dass du bedenkst, dass dein Marketing zur Strategie passt. Wenn du dich im hochpreisigen Segment bewegst, dann sollte deine Werbung auch hochwertig sein, sonst wirkt es unrund und kommt bei der Zielgruppe nicht an.

Werbung

Natürlich geht es hier darum, deine zukünftigen Kunden darüber in Kenntnis zu setzen, dass es dein Produkt gibt. Du willst also durch eine gute Darstellung einen Anreiz zum Kauf auslösen.

Klassische Werbestrategie

Als klassische Werbung werden aktuell noch die Offline Varianten geführt, also Printmedien (Zeitschriften, Zeitungen, Plakate) und Radio- bzw. Fernsehspots. Je nach Platzierung kannst du hier einen großen Radius informieren, allerdings ist dies auch sehr kostenintensiv.

Onlinewerbung

Natürlich gewinnt die Werbung online an Bedeutung und das nicht nur, weil sie deutlich günstiger ist, sie ist auch besser messbar und schneller anzupassen. Ähnlich wie in den Printmedien erreichst du auch hier viele Menschen.

Direktwerbung

Direkte Werbung passiert vor Ort (Point of Sale). Der Vorteil ist die direkte Reaktion des Kunden. Allerdings ist die Reichweite sehr eingeschränkt. Du kannst auch selbst Veranstaltungen ins Leben rufen, um ein größeres Publikum zu erreichen oder dein Produkt auf Messen vorstellen.

Welche Maßnahme(n) du auch ergreifst, du musst die Effizienz im Hinterkopf behalten. Wenn dein Produkt im mittleren Preissektor zu finden ist und du viel Geld ins Marketing investierst, musst du die Kosten irgendwie wieder reinholen. Das läuft unter anderem über den Preis deines Produktes. Sei erstmal zufrieden, wenn du nicht jeden in deiner Zielgruppe erreichst. Die ersten 20% sind immer recht einfach zu informieren, die letzten 5% kosten richtig Zeit und Geld. Hier bleibt die Frage, ob diese letzten Prozent deine Rendite noch so stark erhöhen könnten, dass sich die Investition lohnen würde.

Auch hier gibt es als kleine Hilfestellung ein Tool von Für-Gründer.de. (https://www.fuer-gruender.de/businessplan-vorlage/marketingtool-marketingbudget/)

PLACE

Vertriebsmöglichkeiten

Neben dem direkten Vertrieb gibt es auch noch die Möglichkeit, Vermittler einzuschalten oder Franchise zu nutzen.

Direktvertrieb

Hier bleibt dir der direkte Kundenkontakt erhalten. Gerade bei Produkten, die einen größeren Beratungsaufwand erfordern (z.B. Investitionsgüter), ist es sinnvoll am Kunden dran zu bleiben. Denn auch die Qualität der Beratung kann ein Anreiz für Kunden sein, genau zu deinem Produkt zu greifen. Zum Direktvertrieb gehören neben dem klassischen Laden auch der Versand- und Onlinehandel.

Vermittler

Schaltest du einen Vermittler ein, ist er ein Bindeglied zwischen dir und deinem Kunden. Als Vermittler bezeichnet man Handelsvertreter oder Groß- und Einzelhändler. Hier musst du also nicht erst den Kunden, sondern deinen Vermittler überzeugen, dein Produkt in seine Palette aufzunehmen, denn er muss schlussendlich den Kunden überzeugen. Vermittler werden vor allem bei Konsumgütern eingesetzt, weil diese flächendeckend verteilt werden sollen. Oft wird auch nicht nur ein Vermittler genutzt, sondern mehrere, sodass auf ein großes Netzwerk aller Vermittler zugegriffen werden kann. Natürlich führt dieser Vertriebsweg auch zu höheren Kosten.

Franchise

Franchise ist nicht für jedes Produkt geeignet. Wenn du eine eigene Marke schnell aufbauen möchtest, wäre es wahrscheinlich eine gute Idee. Franchisenehmer sind eigenständige Unternehmen, die Struktur und die Rahmenbedingungen werden allerdings vorgegeben. Der Aufbau eines solchen Systems kostet viel Zeit und Geld. Über Franchise-Portale kannst du Franchisenehmer suchen.

Schlussendlich entscheidet deine Unternehmensstrategie, welcher Vertriebsweg für dein Produkt am besten geeignet ist und was du persönlich bevorzugst.

Auch dieser Punkt kommt in den Businessplan. Dem Leser muss klar werden, woher der Kunde dein Produkt bekommt und warum du diesen Weg gewählt hast.

CI - CORPORATE IDENTITY

Die Corporate Identity ist die Identität deines Unternehmens. Sie soll dich nicht nur von deinen Konkurrenten abgrenzen, sondern ist auch nach innen unheimlich wichtig. Hier geht es um die Philosophie und die Konzeption im Unternehmen. Sind deine Mitstreiter vom Unternehmen überzeugt, klemmen sie sich dahinter, die Philosophie zu leben. Sie werden auch privat positiv vom Unternehmen berichten und das ist kostenlose Werbung für euch alle.

Natürlich ist es auch wichtig, sich nach außen abzugrenzen und unverwechselbar zu sein. Das kannst du mit Botschaften auf der Website oder deinen Produkten erreichen oder mit grafischen Details, die andere nicht haben. Was grenzt deine Firma und dein Produkt vom Mainstream ab?

Wichtig ist, dass das Bild deines Unternehmens sowohl innen als auch außen stimmig ist. Wenn du z.B. Produkte für Kinder vertreibst und ein kinderfreundliches Image verkaufen möchtest, ist es wenig hilfreich, wenn die jungen Mütter in deinem Unternehmen die Kids aufgrund der Arbeitszeiten nicht aus der Kita abholen können. Wenn sich genau diese Mütter dann einen neuen Job suchen, könnte das zu einem Imageverlust führen. Hier ist also nicht nur ein einheitliches Logo, das zur Idee passt, und vielleicht ein passender Slogan wichtig.

Für die Außendarstellung hilft es auf alles, was sich anbietet, den eigenen Stempel aufzudrücken. Gerade in der Anfangsphase sollte dein Logo, die Idee oder ein Spruch ständig und überall zu finden sein. Hier eignen sich natürlich Visitenkarten, sämtliche Schriftstücke die rausgehen, Anzeigen, Flyer oder Give Aways. Ein einheitlicher Firmenstempel ist ein Must have (am besten mit Grafik, dann prägt es sich auch im visuellen Gedächtnis ein), auch Firmenwagen können verschönert werden oder du nutzt Werbeplakate.

USP - ALLEINSTELLUNGSMERKMAL

Die Omnipräsenz ist ein guter Start für den öffentlichen Auftritt. Im Zusammenhang mit der Unique Selling Proposition (USP) könnte sie vielleicht eine Marktnische öffnen. Du solltest dir also überlegen, was du kannst, was sonst keiner kann; was du deinen Kunden bietest, was die Konkurrenz nicht macht und warum ein Kunde gerade bei dir kaufen soll. Dir muss aber bewusst sein, dass dieses USP nicht ewig halten wird. Konkurrenten werden schnell auf den Zug aufspringen, sodass es kein Alleinstellungsmerkmal mehr bleiben wird. Im Klartext bedeutet ein Alleinstellungsmerkmal also einen Anschub, aber keine dauerhafte Lösung, um mehr Umsatz zu generieren.

Trotzdem solltest du dabeibleiben und dein Merkmal mit Leben füllen. Für deine Kunden ist es auch wichtig zu sehen, dass deine Ansagen keine Eintagsfliegen sind, dass du konsequent dabei bleibst und zu deinem Wort stehst, auch wenn andere vielleicht mittlerweile das gleiche machen. Dieser Gedanke überträgt sich wiederum auf dein gesamtes Unternehmen und der Kunde beginnt, dir zu vertrauen.

Marketing online

MOBILE ADVERTISING

Diese Werbung findet vor allem auf Tablets und Smartphones statt. Unterschieden wird zwischen der Erhöhung der Performance und dem Branding. Immer mehr Menschen nutzen mobile Geräte und haben sie 24 Stunden bei sich. So kannst du deine Kunden zu jeder Tages- und Nachtzeit erreichen. Früher waren die Werbeanzeigen auf dem Handy einfach nervig, weil sie plötzlich und über den ganzen Bildschirm auftauchten, oft mit Themen, die mich überhaupt nicht interessierten. Mittlerweile hat sich das geändert. Die Banner und Anzeigen sind an die Displaygröße angepasst worden und sie werden zwischen den Inhalten platziert, die ich gerade ansehe (intent-driven heißt das im Jargon). Und die Werbung wird "intelligenter". So werden häufig kontextbasierte Anzeigen eingebettet. Das heißt, der Nutzer recherchiert zu bestimmten Themen und dazu passend bekommt er Werbeangebote. Das ist für den Nutzer weniger nervig und damit steigt die Conversion, das heißt, du erreichst mehr Kunden mit deinem Produkt. Besonders für neue Apps ist diese Form des Marketings unverzichtbar. Im Gegensatz zur klassischen Werbung in Printmedien ist hier der Erfolg messbar. Du kannst deine Zielgruppe ganz konkret ansprechen und die Anzeige jederzeit optimieren. Neue Technologien wie Geolocating werden auch von anderen schon genutzt. Hotels geben ihren Gästen zum Beispiel die Flugdaten vom nahegelegenen Airport in Form von Werbung aufs Smartphone. Das wird gar nicht mehr als Werbung angesehen, sondern eher als Hilfestellung.

Für Startups ist Mobile Advertising deshalb auch wichtig, weil es ein riesiges Potenzial für ein relativ kleines Budget bietet. Über Facebook kannst du die ersten Versuche starten. Wenn du einen größeren Eindruck hinterlassen möchtest, solltest du mit ca. 10.000€ pro Monat rechnen, um KPI´s identifizieren zu können und deine Zielgruppe ganz direkt zu finden. Damit landest du dann aber auch ziemlich weit oben im App Store.

WERBEN AUF INSTAGRAM

Instagram ist aktuell eine gute Plattform zum Verkaufen. Die Nutzer werden mit Likes belohnt und das spornt zum nächsten Kauf an. Hier Werbekampagnen zu fahren ist nicht nur effektiv, sondern auch effizient. Du kannst deinen User die ganze Zeit während der Entscheidung zum Kauf begleiten und verschiedene Ziele verfolgen (Bekanntheit, Conversion).

Wenn du auf Instagram eine Werbekampagne starten möchtest, brauchst du ein persönliches Facebook Profil, eine Seite auf Facebook und ein Werbekonto dort. Außerdem solltest du ein Instagram Profil haben (vielleicht als Business Profil) und beides miteinander verknüpfen. Optional ist die Implementierung eines Facebook-SDK´s und / oder eines Facebook-Pixels hilfreich.

Werbemöglichkeiten

Du hast 4 Grundformate zur Verfügung, die alle auf Visualisierung basieren.

1. Link-Ad und Photo-Ad

Das bekannteste Format sind die Foto-Ads, die im Homefeed der Nutzer erscheinen. Hast du den Link zu deiner Homepage hinterlegt, wird über die gesamte Breite der Call-to-Action-Button "Mehr dazu" angezeigt (alternativ kann auch "jetzt kontaktieren" oder "jetzt buchen" ausgewählt werden. So wird die Foto-Ad zur Link-Ad. Möglich ist auch, den User Generated Content mit entsprechender Freigabe der User einzusetzen. Für die richtige Aufmerksamkeit empfiehlt Instagram ein quadratisches bzw. 1:1 Seitenverhältnis mit 1080 x 1080 Pixel, 30 MB Dateigröße, JPG oder PNG und einer Bildunterschrift von 125 Zeichen. Für die Bildunterschrift stehen dir viel mehr Zeichen zur Verfügung, aber eine kurze, knackige Aussage ist besser zu erfassen. Auch sollte dein Bild so wenig Text wie möglich enthalten, da diese weniger oder gar nicht angezeigt werden. Um das zu verhindern, kannst du das Text-Overlay-Tool von Facebook nutzen (www.facebook.com/ads/tools/text_overlay).

2. Video Link-Ad

Auch Videos werden im Homefeed der User abgespielt und starten automatisch (ohne Ton). Je nach Produkt oder Dienstleistung kannst du natürlich mit einem Video die Nutzer anders erreichen als mit einem Bild, hier kannst du auch noch Ton unterlegen. Da jedoch am Anfang der Ton nicht automatisch mit startet, muss das Video auch ohne Ton aussagekräftig sein. Aktuelle Studien haben gezeigt, dass Videos in Bezug auf Sales, Marken oder Werbung in den ersten 3 Sekunden zu 47 % Wirkung erzielen und auf 74 % innerhalb der ersten 10 Sekunden hoch springen. Instagram hat auf das Nutzerverhalten reagiert und eine eigene Videosuche über den Explorer eingeführt. Das zeigt, dass die bewegten Bilder aktuell gut genutzt werden. Eine ausführliche Ausführung findest du im Facebook-Ads-Guide.

3. Carousel-Ad

Wer es nicht kennt: Wir reden hier von einer interaktiven Slideshow oder Bildergalerie, durch die man wischen oder swipen kann. Du kannst hier 10 Karten einbinden (Videos / Fotos). Auch der Call-to-Action-Button kann hier wieder genutzt werden. Du kannst dem Nutzer also verschiedene Seiten deines Produktes zeigen oder unterschiedliche Produkte bzw. auch Screenshots deiner App oder ähnliches. Der Vorteil ist, dass der Nutzer bei Instagram bleiben kann und nicht auf eine andere Website wechseln muss. Auch hier findest du weitere Einzelheiten im Facebook-Ads.Guide.

4. Instagram Story Ad

Ähnlich wie bei den User Stories erscheint deine Botschaft bildschirmfüllend. Du kannst ein 15 Sekunden langes Video oder ein einzelnes Bild (ist 10 Sekunden sichtbar) schalten. Einzelne Stories werden nicht durch Werbung unterbrochen. Auch bei den Stories kannst du den Call-to-Action-Button hinzufügen.

5. Lead Ads
Die Lead Ads sind ein Sonderformat der Werbung, mit dem sich recht einfach Leads generieren lassen. Den oben beschriebenen Ads kannst du hier ein Kontaktformular hinzufügen, das schon für die Nutzer von Instagram optimiert wurde. Hierfür ist der Facebook-Account wichtig, denn die Daten werden darüber schon vorausgefüllt. So muss der Nutzer nicht nochmal alles eintippen und kann das Formular direkt versenden. Außerdem kannst du weitere Felder ergänzen, wenn noch mehr Daten für dich wichtig sind. Das geht ganz einfach im Facebook-Werbeanzeigenmanager. Lead Ads bestehen aus vier Seiten: optional kannst du dein Unternehmen und/oder Produkt kurz vorstellen und deine Kunden begrüßen, es gibt eine Seite auf der du Fragen stellen kannst, eine Seite für die Datenrichtlinie und die letzte Seite, um dich zu bedanken. Möchtest du diese Möglichkeit nur für Instagram nutzen, solltest du Facebook im Werbeanzeigenmanager deaktivieren.

6. Dynamic Ads
Sehen aus wie Foto-Ads, sind aber Werbeanzeigen die sich dem Nutzerverhalten dynamisch anpassen. Je nach Nutzerverhalten auf deiner App oder Website werden ganz individuell Produkte angezeigt. Am besten erstellst du eine Vorlage für die Werbeanzeige, die Bilder aus deinem Produktkatalog verwendet. Wie genau der Produktkatalog erstellt wird, kannst du auf Facebook Business nachlesen. Natürlich brauchst du hier eine Verbindung zwischen deiner Website und/oder App. Das funktioniert über Facebook-Pixel oder bei der App über Facebook-SDK.

CONVERSION OPTIMIERUNG

Im Marketing ist "Conversion" ein gängiger Begriff. Im Prinzip geht es darum, eine Reaktion auf Newsletter, Werbeanzeigen und andere Infos auf deiner Website zu bekommen und im optimalen Fall natürlich eine Bestellung deines Produktes. Es geht also darum, so viel Conversion wie möglich zu generieren, damit viele Konsumenten auf dein Produkt aufmerksam werden und es schlussendlich kaufen. Doch wie optimiere ich diese Möglichkeit?

Zum einen ist das kein einmaliger Prozess. Das Interesse deiner Kunden kann sich schnell wieder ändern. Hier musst du also immer dranbleiben. Egal, ob deine Besucherzahlen abnehmen oder steigen, eine Optimierung ist immer möglich. Auch kleine Steigerungen machen sich schon im Umsatz bemerkbar. Manchmal reicht es schon, eine Beschriftung oder die Farbe eines Buttons zu ändern. Es empfiehlt sich aber ein Test mit unterschiedlichen Landingpages. Beide stellen das gleiche Produkt dar, unterscheiden sich aber in der Message, den Farben und vielleicht auch anderen Aussagen. Anhand des Nutzerverhaltens erkennst du, welche Page besser aufgenommen wird und die kannst du dann weiter optimieren. Eine recht simple Lösung ist auch, Freunde oder Arbeitskollegen direkt an den PC zu setzen und alles gemeinsam durchzugehen. Oft zeigen sich hier auch schon Stolpersteine. Aus eigener Erfahrung weiß ich, dass man beim Bau seiner Website irgendwann betriebsblind wird. Wichtig ist, wenn du deine Ausgangsbasis gefunden hast immer nur ein Element zu ändern. Sonst wird die Aussage, auf welche Änderung mehr reagiert wurde, schwierig.

Hilfen und Tools zur Optimierung

Visual Website Optimizer (VWO)

Hier kannst du verschiedene Webseiten gegeneinander testen - der sogenannte Splittest.

Smartlook

Schau deinem Besucher über die Schulter, während er sich auf deiner Seite umschaut. Daraus kannst du z.B. ersehen wann er wo abbricht, ob deine Message überhaupt wahrgenommen wird oder was der Nutzer ganz grundsätzlich macht. Ein schöner Nebeneffekt ist das Aufdecken von kleinen Bugs, die dir vorher vielleicht nicht aufgefallen sind.

ConversionXL

Hierzu gibt es auch einen Blog, der dir nützliche Hinweise geben kann, selbst wenn du dich schon bestens auskennst.

KUNDENBINDUNG

Die Kundenbindung ist nicht nur finanziell wertvoll, sie beinhaltet auch kostenlose Werbung für dein Unternehmen. Ist ein Kunde von der Idee deines Unternehmens überzeugt und findet dein(e) Produkt(e) spannend, wird er seinen Freunden und Bekannten davon erzählen und das wiederum sind sehr sinnvolle Referenzen für dich. Denn wem glaubt man am ehesten? Seinem näheren Umfeld.

Im Marketing heißt der Aufbau der Kundenbindung Customer Journey. Hier entwickelst du ein besseres Verständnis dafür, wodurch dein Kunde zu der Entscheidung zum Kauf kommt. Es ist also quasi die Reise des Kunden, die du versuchst nachzuvollziehen, um spezielle Berührungspunkte zu finden, an denen du dein eigenes Produkt platzieren kannst.

Das Customer Journey ist sozusagen das Oberkonzept. Mittlerweile haben sich darunter verschiedene Modelle entwickelt, die an verschiedenen Stellen ansetzen. Der Klassiker ist das AIDA Prinzip. Es ist relativ leicht nachvollziehbar und baut in vier Stufen aufeinander auf:

Attention (Awareness): Hier wird die Aufmerksamkeit zum ersten Mal auf das eigene Produkt gelenkt. Der Kunde sucht nach einer Lösung zu einem Problem und sammelt dazu Informationen.

Interest: Nachdem dein Produkt die Aufmerksamkeit erregt hat, geht es nun darum, das Interesse zu halten.

Desire: Dein Kunde hat noch immer Interesse und im dritten Schritt soll jetzt der Wunsch zum tatsächlichen Kauf geweckt werden.

Action: Zum Schluss möchte dein Kunde dein Produkt tatsächlich kaufen. Heute reicht dafür ein letzter Call-to-Action Button, um den Abschluss zu erreichen.

Die Erweiterung dieses Prinzip besteht aus:

Satisfaction: Wie zufrieden ist mein Kunde mit meinem Produkt? Das gehört nicht direkt zum Customer Journey, ist aber der erste Schritt zu einer langfristigen Kundenbindung.

Conviction: Hier wird der Faktor Vertrauen zum ursprünglichen Modell angesprochen. Der Kunde ist also fest davon überzeugt, dass dieses Produkt besser ist als die Alternativen auf dem Markt.

Wie so oft bei klassischen Methoden hat natürlich auch diese Schwächen. Hier wird von einer geradlinigen Entscheidung des Kunden ausgegangen, die wenig praxisnah ist. Es wird nicht berücksichtigt, dass es verschiedene Möglichkeiten gibt, ein Produkt zu kaufen.

Procter & Gamble hat sich auch an einer Strategie versucht. Sie nennen sie "Moments of Truth". Diese Momente sind zuerst die erste Stimulation (z.B. durch Werbung), dann die Entscheidung für das Produkt und schließlich die Erfahrungen damit. Auch hier gibt es mittlerweile Erweiterungen, um dies in der digitalen Welt besser nutzen zu können. Schlussendlich bleibt aber auch diese Strategie linear.

McKinsey nähert sich dem Problem anders. Das Decision Journey-Modell geht von einer zyklischen Entscheidungsfindung aus, also quasi einem Kreislauf, bei dem der Kunden durch verschiedene Phasen geht:

- Am Anfang stehen die Überlegung des Kunden und der Überblick über die Anbieter.
- Daraufhin folgt die Suche nach Informationen, um die Anbieter vergleichen zu können

- Dann folgt die Entscheidung für ein bestimmtes Produkt
- An dem Punkt werden die gemachten Erfahrungen aufgegriffen und als mögliche Auslöser für einen erneuten Kauf benannt
- War die Erfahrung für den Kunden positiv, entsteht der "Loyalty Loop". Der Kunde erinnert sich im besten Fall an das gute Einkaufs- und Produkterlebnis und greift beim nächsten Mal wieder zu einem Produkt desselben Anbieters

Allein das schöne Kauferlebnis reicht im Allgemeinen aber nicht aus, um die Kunden langfristig zu halten. Weitere Maßnahmen sind heute Bonussysteme und spezielle Serviceangebote.

Keines der vorgestellten Modelle wird dem komplexen Kundenverhalten jedoch wirklich gerecht. Gerade in der heutigen Zeit können potenzielle Kunden auf weit mehr Informationsquellen zurückgreifen als noch vor 30 Jahren. Es gibt sehr viel mehr Schnittpunkte als die vorhin Genannten. Der Nutzer informiert sich parallel im Internet, bei Freunden und Kollegen. Deshalb ist es umso wichtiger, den Entscheidungsweg deines Kunden bestmöglich nachvollziehen zu können. So kannst du die Touchpoints zwischen dem ersten Interesse und dem finalen Kauf strategisch klug setzen.

Um diesen Weg des Kunden visualisieren zu können, nutzen viele das Customer Journey Mapping. Hier versetzt man sich in den Kunden und versucht auch, die Bedürfnisse mit einzubeziehen. Der Perspektivwechsel deckt oft auch schon Lücken zwischen der eigenen Marketingstrategie und der Kundensicht auf. Natürlich brauchst du hier genug Daten, um eine wirkliche Vorstellung von dem gesamten Prozess entwickeln zu können.

Es ist natürlich gut, so viele Touchpoints wie möglich zu identifizieren. Allerdings muss dir auch bewusst sein, dass du nicht jeden dieser Punkte steuern kannst. Du kannst sehr viel auf dem mobilen Weg tun (siehe Marketing online), du kannst auch mit Printmedien oder Radio und Fernsehen arbeiten. Die persönliche Meinung und die Beeinflussung durch Freunde kannst du aber nur bedingt beeinflussen.

Die Group-M-Agentur hat 75.000 Menschen in Deutschland befragt und im Ergebnis kommen die Käufer im Durchschnitt nach 6 Touchpoints zum Kauf. Auch Exactag hat eine Untersuchung durchgeführt und große Unterschiede zwischen den verschiedenen Branchen festgestellt. Sie kamen zu dem Ergebnis, dass durchschnittlich 20 Touchpoints nötig waren bis zum Kauf. Allein diese beiden Ergebnisse zeigen deutlich, dass wir hier von relativ neuen Analysemethoden reden und jedes Unternehmen anders an die Fragestellung herangeht. Daher rühren auch die recht unterschiedlichen Ergebnisse. Die digitalen Touchpoints sind auf dem Vormarsch. Sie werden mehr und komplexer. Hier eröffnet sich aber auch eine große Möglichkeit für junge Startups. Im Gegensatz zu alteingesessenen klassischen Unternehmen sind Startups schon im digitalen Zeitalter angekommen, sie agieren schneller, reagieren treffender und passen sich schneller Veränderungen an.

REFERENZEN (TESTIMONIAL)

Referenzen spielen auch heute noch eine große Rolle. Früher gab einem die Nachbarin einen Tipp, wo man etwas kaufen kann und heute läuft es zusätzlich noch über die digitalen Medien. Referenten sind im Prinzip persönliche Bewertungen und die rangieren auch heute noch ganz weit oben, wenn man etwas kaufen möchte.

Wenn wir von Bewertungen reden, fallen mir auch immer die Stories aus der Reisebranche ein, als gekaufte Hotelbewertungen die Runde machten. Lass die Finger von so etwas. Kunden brauchen nur kurz zu recherchieren und kommen schnell darauf, dass Menschen aus fernöstlichen Ländern ein Produkt bewerben, das für sie gar nicht relevant ist. So wirst du Kunden eher verlieren als gewinnen. Unabhängig davon ist es gesetzeswidrig.

Direkte Referenzen von Kunden

Hier kommt wieder ein wenig die Psychologie zum Anklang. Menschen bedanken sich gern für schöne Gefühle und sie werden gern gelobt. Das kannst du nutzen, indem du deinen Kunden nach dem Kauf aufforderst, seine Erfahrung zu schildern. Im besten Fall bekommst du ein positives Feedback. Aber auch, wenn deine Kunden auf einmal mit Kritik aufwarten, ist diese hilfreich, in dem Fall natürlich nicht für die Referenzen, sondern eher für die Verbesserung deiner Arbeit oder deines Produktes. Außerdem kannst du deinen Kunden so noch gnädig stimmen, wenn du reagierst. In jedem Fall ist es ein Mehrgewinn.

Statt einer Mail kannst du natürlich auch eine Telefonumfrage starten oder deine Kunden sogar persönlich aufsuchen. Wichtig ist hier ein vorher ausgearbeiteter Fragenkatalog. Beispiele sind:

- Was waren die größten Vorteile für Sie bei uns?
- Aus welchem Grund halten Sie uns die Treue?
- Was gefällt Ihnen am besten an unserer Leistung?
- Wieviel Geld/Zeit/Nerven sparen sie mit uns ein?
- Wie war es früher, als sie uns noch nicht genutzt haben?

Die positiven Antworten könntest du dann nutzen. Wenn dir etwas richtig gut gefällt, frag deinen Gesprächspartner, ob du seine Angaben nutzen darfst. Eine Begründung dafür wäre die Verbesserung des Kundenservice, eine Expansion oder die bessere Zusammenarbeit in der Branche. Am besten sendest du ihm seinen Text zur Freigabe zu. Im Text selbst müssen das Unternehmen und der Firmensitz benannt sein, der Name des Referenzgebers und, wenn möglich, ein Bild von ihm. Nicht jeder möchte namentlich genannt werden, dann musst du natürlich dem Datenschutz folgen. Bei diesen Fällen solltest du mit Kürzeln arbeiten, mit dem Hinweis, dass du auf Wunsch eine Verbindung zum Referenzgeber herstellen kannst. Danach bedankst du dich mit einer kleinen Aufmerksamkeit.

Facebook-Referenzen

Facebook gehört mittlerweile schon fast zum Standard der Empfehlungswerbung. Hier kannst du mehrere Möglichkeiten nutzen.

1. Sterne sammeln

Hierfür brauchst du eine Unternehmensseite, die dich als lokales Geschäft mit einer Adresse ausgibt. Damit erscheint die Ratingbox und du kannst schon weiterempfohlen werden.

2. Kommentare

Nichts ist schlimmer als eine "tote" Seite. Du musst deine Facebook Seite am Leben erhalten und Feedback sammeln. So bleibst du bei Kunden, Fans und Freunden auf der Pinnwand. Achte darauf, dass du die Kommentarfunktion freischaltest.

3. gezielte Werbung

Die Sichtbarkeit kannst du mit Facebook Ads erhöhen. Hier kannst du gezielt Nutzer erreichen, die mit deiner Fan-Basis befreundet sind. Schon allein, dass ein Freund deines Nutzers die Seite gut findet, schafft Vertrauen und führt oft dazu, dass er dann selbst auch auf den Like Button drückt.

4. Rabattaktionen aktivieren

Auch nützlich ist das Tool der "Angebote"- bzw. "Offer"-Funktion. Als Unternehmen kannst du Aktionen mit Rabatten oder Coupons erstellen, die dann bei dir eingelöst werden können. Dies ist eine recht schnelle Variante für Kunden zu einem schnellen Kauf zu kommen und später auch noch positive Kommentare zu hinterlassen.

5. Glaubwürdigkeit der Referenzen erhöhen

Es gibt noch weitere Applikationen, die du nutzen kannst, um das Feedback auszuwerten. Bei Facebook wird mit jeder Bewertung das Profil im Hintergrund verlinkt. So ist der Wahrheitsgehalt besser gegeben und es schafft Vertrauen.

Referenzen richtig einsetzen

Zuerst kannst du die Referenzen intern nutzen. Deine Mitstreiter sind stolz auf euer Unternehmen und diesen Stolz kann man auch mit Referenzen unterlegen. Sammle die Referenzen in einem Ordner und mach sie deinen Mitarbeitern zugänglich. Sie haben schließlich alle zu den positiven Kundenstimmen beigetragen. Auch auf einer Firmenfeier kann man die gesammelten Werke gut als Dankeschön und Ansporn nutzen.

Natürlich sind die Referenzen auch für die Außendarstellung wichtig. Vielleicht führt eine gute Referenz dazu dich von einem fast identischen Produkt abzugrenzen? Oder du arbeitest viel in Projekten. So kannst du Referenzprojekte auswählen, in denen du die Geschichte erzählst und mit dem positiven Kundenfeedback schließt. Solche Stories kann man auch gut der Presse anbieten.

Hier noch eine Checkliste wie du Referenzen am besten vermarkten kannst:

- positives Feedback von Kunden im Intranet oder einer Mitarbeiterzeitung veröffentlichen, in Meetings den Punkt “das sagt der Kunde” einführen und Mitarbeiter berichten lassen
- passende Referenzen in Angeboten, Prospekten und Werbebriefen unterbringen
- auf deiner Website sollten die Kundenmeinungen direkt auf der Startseite zu sehen sein
- stell die Referenzen in öffentlichen Bereichen deiner Firma aus
- starte Anzeigekampagnen mit deinen Referenzkunden
- dreh Videos mit positiven Kundenstimmen, am besten vor Ort und lade sie in verschiedenen Netzwerken hoch
- initiiere öffentliche Meetings mit Pressevertretern und Referenzkunden
- Projektreferenzen als Presseberichte in Fachzeitschriften veröffentlichen
- Kunden ermuntern, positives Feedback auf deinen Bewertungsportalen zu hinterlassen

SEO

Die Suchmaschinenoptierung ist in aller Munde. Früher hat es gereicht, ein Keyword häufig im Text unterzubringen. Mittlerweile bewerten Google und Co. die Zusammenhänge und den Kontext. Aktuell solltest du also ein komplettes Set rund um dein Keyword festlegen, das heißt, auch Synonyme und Nebenbegriffe.

Hier eine Möglichkeit, wie du bei der Recherche und Festlegung vorgehen kannst:

1. Google AdWords Keyword Planner

Für die Recherche nach Kennwörtern eignet sich nach wie vor dieses Tool am besten. Es gibt mittlerweile noch einige andere Tools, aber die Daten zum Suchvolumen sind nicht immer verlässlich. Grundsätzlich geht es darum herauszufinden, wie oft ein Wort oder eine Kombination durchschnittlich pro Monat von Nutzern gesucht wird. Außerdem bekommst du Vorschläge, welche Keywords thematisch zu deinem Wort passen würden. Du kannst auch dein Keyword gemeinsam mit deiner Zielgruppe suchen.

2. Longtail Keyword Tool

Dieses Tool hilft dir, die Kombinationen rund um dein Thema oder Keyword zu finden. So bekommst du ein klares Bild davon, welche Bedürfnisse der Nutzer bei diesem Thema hat. Bei answerthepublic bekommst du die Antwort mit einer Wortwolke. Das Keywordtool.io gibt dir in alphabetischer Reihenfolge Kombinationen oder Phrasen.

3. Ein W Fragen Tool

Über ein solches Tool kannst du konkrete Fragen der Nutzer bekommen. Der Questionfinder sucht im kompletten Web und gibt auch die Quelle mit aus, auf die du direkt per Link gehen kannst. Dieses Tool findest du bei Termlabs im Bereich Brainstorming.

4. Keywords bewerten

Die Bewertung läuft über die Höhe des Suchvolumens. Allerdings gibt es noch eine weitere Möglichkeit, nämlich was hinter der Suchanfrage steht. Steht hier eine reine Informationssuche im Vordergrund oder ist es bereits Kaufinteresse? Das ist deshalb wichtig, damit du weißt, welches Keyword du wann einsetzen musst. Hast du auf deiner Seite Informationen, dann brauchst du eher das Wort, das bei der Informationssuche weit oben im Ranking steht. Das hilft dir aber nicht, wenn du zum Beispiel einen Onlineshop betreibst, denn du möchtest ja, dass deine Kunden kaufen und nicht nur schauen.

5. Keywords Clustering

Hier entsteht so langsam dein Keyword Set. Zunächst legst du ein Fokuswort fest und danach kannst du alle semantisch passenden Wörter oder Phrasen dazu ordnen. Am besten macht sich das in Wortwolken. Wichtig ist auch noch, dass dein Fokuswort im Titel, der Hauptüberschrift, der Meta Description und im oberen Textdrittel steht. So kannst du für jede Seite ein Keyword Set aufbauen um Content zu generieren.

6. WDF*IDF Tool

Das ist das letzte Tool, das du nutzen kannst, wenn alles andere fertig ist. Man geht heute davon aus, dass Google neben dem Haupt-Keyword auch noch andere Wörter oder Textstellen vermutet, die bei einer Suchanfrage wichtig sein könnten. Auch hier bietet termlabs.io das TF*IDF-Data an, um die Nebenwörter herauszufinden. Im Prinzip bekommst du die Ergebnisse einer Suchanfrage und die weiteren Wörter, die im Text verwendet wurden, priorisiert ausgegeben. So kannst du diese Wörter auch in deiner Seite einbauen.

Gründe des Scheiterns

Startups scheitern aus den unterschiedlichsten Gründen. Grundsätzlich kann man sie aber auf 5 Dinge herunterbrechen: Team, Produkt, Finanzierung, Kunden, Geschäftsmodell. Oft gibt es in einem dieser Bereiche eine Fehlberechnung. Entweder waren die Kosten zu hoch, oder das Produkt kam nicht so an wie gedacht oder das Marketing hat nicht optimal funktioniert. Der Deutsche Startup-Monitor hat ermittelt, dass ein Viertel aller Gründer schon in ihrem zweiten Startup arbeiten. Wie so oft im Leben lernen wir ja auch und besonders durch Scheitern. Wenn also die erste Firmengründung nicht direkt funktioniert, dann versuch es nochmal. Du wirst in jedem Fall auch schon beim ersten Mal unheimlich viel lernen, was dir später weiterhelfen kann.

Es gibt eine Rangliste der häufigsten Fehler, die von der amerikanischen Tech Market Intelligence Plattform CB Insights erstellt wurde. Am häufigsten scheitern Startups übrigens nicht an **fehlendem Geld**. Das landet erst auf dem zweiten Platz. Ein sehr deutlicher erster Platz wird vom **fehlenden Bedarf am Markt** belegt. Auf Platz drei kommen **Probleme mit der Teamzusammensetzung** zum Tragen, gefolgt von **Wettbewerbern, die zu stark sind** und **Schwierigkeiten bei der Kalkulation**.

Weitere Probleme sind kundenunfreundliche Produkte, schlechtes Marketing, falsches Timing im Vertrieb oder das Ignorieren der Kundenwünsche. Die Klassiker wie strategische Versäumnisse oder juristische Probleme rangieren relativ weit unten auf der Liste.

Einige dieser Probleme lassen sich durchaus vermeiden. Den Bedarf sollte man schon im Vorfeld gründlich recherchieren und der Fokus sollte immer auf dem Kunden bleiben. Ich glaube, wenn man nicht blauäugig an dieses Vorhaben herangeht, hat man mit einer guten soliden Planung gute Chancen, Probleme im Vorfeld zu erkennen und sie damit zu umschiffen. Dennoch lässt sich nicht immer alles vorhersehen oder steuern. Es können immer unvorhergesehene Dinge passieren.

Also lass dich nicht entmutigen, wenn etwas nicht auf Anhieb funktioniert. Such nach anderen Wegen und Lösungen und verliere nie deinen Kunden aus den Augen.

Nützliche Adressen:
https://www.deutsche-startups.de
www.signo-deutschland.de
https://www.lda.bayern.de/media/muster/muster_9_online-shop_verzeichnis.pdf
https://www.e-recht24.de/impressum-generator.html
https://www.e-recht24.de/muster-disclaimer.html
https://www.e-recht24.de/muster-datenschutzerklaerung.html
https://www.kfw.de/inlandsfoerderung/Unternehmen/Gr%C3%BCnden-Nachfolgen/F%C3%B6rderprodukte/ERP-Gr%C3%BCnderkredit-Startgeld-(067)/
https://www.kfw.de/inlandsfoerderung/Unternehmen/Gr%C3%BCnden-Nachfolgen/F%C3%B6rderprodukte/ERP-Kapital-f%C3%BCr-Gr%C3%BCndung-(058)/
https://www.kfw.de/inlandsfoerderung/Unternehmen/Gr%C3%BCnden-Nachfolgen/F%C3%B6rderprodukte/ERP-Gr%C3%BCnderkredit-Universell-(073_074_075_076)/
https://www.de.digital/DIGITAL/Navigation/DE/Gruenderwettbewerb/gruender-wettbewerb.html
https://www.exist.de/DE/Programm/Exist-Gruenderstipendium/inhalt.html
https://high-tech-gruenderfonds.de/de/
https://www.eif.org/
https://www.innoenergy.com/
https://www.fuer-gruender.de/businessplan-vorlage/preiskalkulation/
https://www.fuer-gruender.de/businessplan-vorlage/marketingtool-marketing-budget/
www.facebook.com/ads/tools/text_overlay

Wir danken Ihnen für Ihr Interesse und Ihr Vertrauen. Als Dankeschön dafür, haben wir eine besondere Überraschung. Wir haben einen **grandiosen Guide der zu mehr Erfolg in Alltag und Beruf verhilft,** exklusiv für Sie. Und diesen erhalten Sie vollkommen kostenlos. Das klingt wunderbar? Dann warten Sie nicht lange und holen Sie sich Ihr Gratis-Geschenk.

Hier geht es zu Ihrem Gratis-Geschenk:

https://forms.gle/8MPHWgx1ZET791gy8

1. **Öffnen Sie die Kamera-App auf Ihrem Smartphone und richten Sie die Kamera auf den QR-Code.**
2. **Klicken Sie auf den Link, der Ihnen angezeigt wird und schon werden Sie zur Website weitergeleitet.**

Impressum

Herausgeber: Pegoa Global Media GmbH / Am Sandtorkai 27 / 20457 Hamburg
Kontakt: kontakt@pegoamedia.de
Coverbild: Shutterstock